增补修订版

西文排版

字体排印的基础与规则

[日] 高冈昌生　著
刘　庆　译

上海人民美術出版社

图书在版编目（CIP）数据

西文排版：字体排印的基础与规则：增补修订版 /
（日）高冈昌生著；刘庆译．-- 上海：上海人民美术出版社，2025. 1--
（设计新经典）．--
ISBN 978-7-5586-3046-0
I. TS881
中国国家版本馆 CIP 数据核字第 2024QU1607 号

设计新经典
西文排版：字体排印的基础与规则（增补修订版）

著　　者：［日］高冈昌生
译　　者：刘　庆
责任编辑：丁　雯
流程编辑：许梦蕾
封面设计：七月合作社
版式设计：立野龙一　刘　庆
技术编辑：史　湧
出版发行：上海人民美術出版社
（上海闵行区号景路159弄A座7F　邮编：201101）
印　　刷：上海丽佳制版印刷有限公司
开　　本：787 mm × 1092 mm　1/16　印张 12
版　　次：2025年1月第1版
印　　次：2025年1月第1次
书　　号：ISBN 978-7-5586-3046-0
定　　价：98.00元

增补修订版

西文排版

字体排印的基础与规则

［日］高冈昌生　著
刘　庆　译

上海人民美術出版社

作者简介

高冈昌生　Takaoka Masao

嘉瑞工房主理人。1957 年生于东京，毕业于日本国学院大学法学部法律专业。大学毕业后进入父亲高冈重藏经营的嘉瑞工房，1995 年起任现职。随父学习西文排版、字体排印。1999—2001 年任日本印刷博物馆印刷工房顾问。以西文排版、字体排印、企业字体为主题在各地举办讲座、演讲。英国皇家艺术学会会员、蒙纳字体公司顾问。2009 年获得东京都新宿造物大师“技法名匠”称号。

著　作

《印刷博物馆志》（合著，负责“活字字体”项目），凸版印刷，2001 年
《〈印刷杂志〉及其时代》（合著、监修），印刷学会出版部，2008 年
《世界各地美丽的西文活字样本册》，Graphic 社，2012 年

嘉瑞工房　Kazui Press

采用进口金属活字进行排版的一家西文活字印刷公司。由高冈重藏继承井上嘉瑞先生的私人印刷所，在二战后改组为有限公司。公司常备有至今几乎已经很难采购到的各家活字铸造厂的优秀西文金属活字三百余款、共计一千五百多种字号，以西文文具印刷为中心展开活动。曾荣获日本字体排印协会第三届“佐藤敬之辅奖·企业团体部门奖”表彰。

译者简介

刘　庆　Eric Q. Liu

字体排印研究者。The Type 执行编辑、播客《字谈字畅》制作人和联合主播。万维网联盟（W3C）特邀专家、中文排版任务组联职主席，并为国内外厂商担任字体顾问。在东京、北京、上海、台北各地举办过多次演讲。纽约字体指导俱乐部（TDC）顾问理事、国际字体协会（ATypI）会员。著有《孔雀计划：重建中文排版的思路》（中英双语），译有《西文字体》《西文字体设计方法》《排版造型》等，并担任《平面设计中的网格系统》《设计程序》等理论著作的翻译和设计监修。

本书是对 2010 年 3 月由日本美术出版社出版发行的《欧文組版：組版の基礎とマナー》（简体中文版为 2016 年 7 月中信出版社《西文排版：排版的基础和规范》）进行补写、修改而成的增补修订版。

目 录

致简体中文版读者

感谢大家选购这本增补修订过的《西文排版：字体排印的基础与规则》。

“诸位设计师，你们在排西文的时候有自信吗？”——2010 年，本书的第一版就是以这样的宣传口号在日本出版的。后来在 2016 年，本书的简体中文版也顺利出版发行，我还受邀到中国上海出席了出版纪念活动。

眼看日文版库存逐渐告急，出版社却出于自身原因无法再版，正当我发愁的时候，乌有书林的上田宙先生提出了再版建议。但这次并不是简单地直接重印，而是在第一版发行之后针对在各种讲座、课程里大家提出的问题，以及我个人认为解释得不太充分的地方加以修改、补写，于是才有了这本增补修订版的《西文排版：字体排印的基础与规则》。2023 年，本书的韩文版也顺利出版，读者目前可以用三国文字阅读此书了。

亚洲最具代表性的这三个国家，一直在向西方出口各种各样的产品，但似乎大家对西文排版是任凭感觉、缺乏自信的。即使产品再优秀，如果展示的西文排版水平过低，就难免会让人对产品本身的品质、性能产生怀疑。

在日本的美院、专科学校里，学生几乎没有机会能够学习西文排版。设计师们都是在用模糊的知识，跟着感觉挑选字体，进行排版，这实在令人遗憾。本书在日本出版之后，也带动了一股热潮，大家开始积极地以参加讲座等各种方式，学习正确的西文排版。

这并不是一本单纯讲解排版规则的书，而是一本思考如何通过排版让读者舒适地接受作者表达的书。虽然书里也写了一些不能做的、应该避免的要点，但并不是说只要避开那些就算是优秀的西文排版了。无论是排版还是对话，都要站在对方的立场换位思考。知识固然重要，但对知识加以活用的智慧更为重要。要做好排版，充分准备和练习也不可或缺。读者读完这本书未必就能解决所有问题，但至少应该对本书所写的一些约定俗成的事项加以注意。这是第一步。

这次增补修订版的简体中文版能够顺利出版，我感到非常高兴。中日两国彼此都不是用拉丁字母书写母语的国家，让我们朝着能做出获得西方肯定的西文排版这一目标而共同努力！

本书简体中文版的翻译和设计全部拜托给了刘庆先生。当初第一版的制作也得到了陈嵘先生的莫大帮助。非常庆幸能遇到这两位值得信赖的老师，在此深表谢意。也感谢上海人民美术出版社对本书的支持。

高冈昌生

前　言

在新宿的一隅，我经营着一家从父亲高冈重藏那里继承下来的活字印刷所，使用金属制的西文活字印制名片、请柬这些被称作“零件”的印刷品。我虽然不印制书籍，但西文排版的起点正是金属活字时代的书籍排版，因此我都会努力地将其原理运用到每天的工作中。

书籍印刷需要用适合正文排版的一种字体，一排就是几页、几百页；而零件印刷品则必须依照内容去运用大量的字体。在我的嘉瑞工房里有三百多款西文字体。为了能够活用这些字体，我就必须要掌握西文字体、西文排版的知识。

即使您现在还在为“不知道什么是优秀的西文排版”而烦恼，也不用担心。每个人在一开始都是这样的。我自己在刚入这行时，既没有知识也没有经验，但我总是会想，这个排版怎么样、要是自己会怎么排。经过这样的一个过程后，我就一点一点慢慢地理解什么才是好的排版。

的确，为了能做出优秀的排版需要了解很多东西。无论怎么学，总是看不见终点。

话说回来，所谓“优秀的排版”到底是什么？是一项能把内容传达出来的技术，还是在其根底的一种思想？——这说得好像哲学了。其实，实际上并没有那么难，就一个关键词：“心意”。这本书既不是一本单纯的技术解说，也不是一本绝对的排版规则，或者排版软件的操作手册。一定要说的话，这是为了把“心意”转化成实际形态的一本含有众多技巧的书。从第一章开始，我会依次讲解排版相关的知识与规则；而在第五章中，我结合自己目前为止的经验，为大家总结了所有这些西文排版基础里所共通蕴含的思路。

用活版进行西文印刷约有五百年的历史。制作漂亮的排版是有窍门的。但是，使用数码字体的桌面排版时代已经来临，活版印刷这一技术正在结束其时代的使命。当然，从效率、经济角度考虑，这是无可奈何的。但即便是使用电脑排版和胶印，“在纸面上排列字母”这一行为本身并没有发生变化。我确信活版印刷的这些技巧对电脑排版来说，也是可以运用，或者说是应该学习的。

活版印刷不能随意改变字号，字距也无法细微调整，更不能在一瞬间排出几百页的东西。纯手工逐字拣出活字和一个个铅空，要是排得不好还要回到前面好几行开始重新来过……活字排版非常费事，效率很低。

但是,我还是觉得很庆幸能做活字排版这份工作,因为我学到了很多东西：要为避免重做而努力，要在各种局限中做出最佳选择等。

使用最先进的电脑和排版软件，就能自由地选择字体和字号，调整、修改也很简单。但或许是为了赶时间，或许觉得没有必要，我们可以看到大量的、非常随意的排版。本来还可以再细致地多调整一些，可以再做得容易阅读一些的呀，实在令人可惜。您一定也能够做出更漂亮的西文排版。

这样的西文排版好吗？如何才能做出漂亮的排版？其实，并没有一剂方便的万能药能针对所有案例奏效。但是，在读了这本书之后，哪怕是多注意到几个要点，您的排版就能与之前做的有所不同。来，和我一起实际动手排一排西文吧。

高冈昌生

第一章

西文字体的基础知识

罗马亚壁古道边的碑文
据说是用平头笔书写的底稿，
具有独特的柔软笔触。

在驾驶“赛车”之前

那还是苹果的 Mac 电脑刚登陆日本不久的 1996 年，美国设计界泰斗卢·多尔夫斯曼（Lou Dorfsman）在东京举办了一场讲座。他在讲座中说道：“用 Mac 电脑做出来的设计统统都不行！”当然，全场观众为之哗然。

讲座结束，坐在最前排的一位看起来很认真的年轻女性女生马上提问：“我现在在上美术学院，正打算要买一台 Mac 电脑，可是您现在却说电脑做的设计统统不行，那我该怎么办哪？”她看起来特别着急的样子。通过翻译听到这个问题的多尔夫斯曼是怎么回答的呢？

他微笑了一下，说：“你自己花钱想要买 Mac 电脑，那是你的自由。不过要当心，Mac 电脑太快了！就像在东京这样的城市中的道路上开赛车一样，会出事故的！”当时有一种风潮，把 Mac 电脑当成了一个万能的设计工具，我一直对此持有疑问，听了此话后不禁在心中拍手称快。

现在的平面设计绝大多数用的是数码字体。大家只要凭感觉从字体菜单里挑选一下字母，就可以惊人的速度轻而易举地把文字排列出来。不过，请稍等片刻。

文字本来是用毛笔或钢笔书写出来，刻在石头上，或者是雕在木头、金属上的。文字造型本身也是随工具的变化发展而来的。原本手写、雕刻出来的文字，也因活版印刷的发明而逐渐地将造型转移到金属活字上。直到四五十年之前，印刷书籍一直都是需要将一粒一粒小小的金属活字挑拣出来，排成文章。文字造型、排版设计都是在金属活字物理形态的制约下逐渐成形，而这些技法诀窍都为现代的桌面排版所继承。

手写、活字时代在物理上、时间上无法做到的事情，到了桌面排版时代一瞬间就能完成。但是在使用了效率、速度优先的电脑排版后，那些在活字时代理所当然的一些排版习惯反而被忽视了。但那些排版习惯是手写、金属活字时代漫长的知识积累而成的基础。

用“赛车”工作的诸位，稍微停一下，一起先来听听五千年前字母的故事怎么样？在接下来的术语解说后面，我还为大家写了一段简短的西文字体史。

下图中的字母 O、A 都是手写出来的。数码字体里也有类似造型的字体吧。读完第一章，请大家一定要亲自动手写一写，然后再回头认真地看一下数码字体。那些您以为只不过是电脑数据的数码字体，一定会呈现出不同的表情，让您恍然大悟哦。

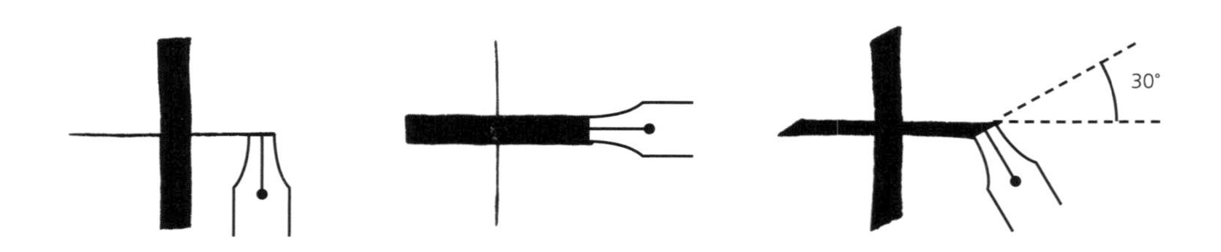

拿平头笔以各种各样的角度写十字。若是 0°或者 90°，字的笔画粗细差距会过于极端；而改成 30°左右执笔，就能让横竖的粗度都比较适中

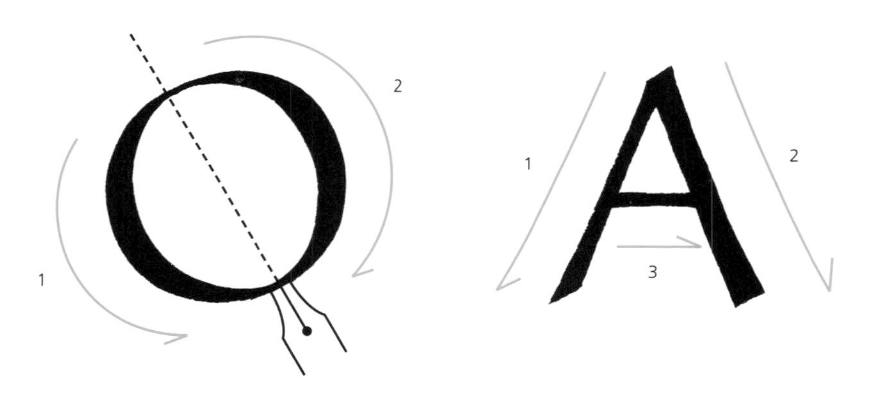

保持 30°的倾角写一写字母 O 或者 A，您就明白字母 A 右边一笔比左边一笔更粗的原因

基础术语解说

让我们先来准确理解一下西文字体排印中使用的一些基本术语。

●拉丁字母

所谓“西文”，一般指欧美国家和地区所使用的文字，也就是我们平常所说的罗马字，或者英语中使用的文字。除此之外，还有法语、德语、意大利语、西班牙语、葡萄牙语等这些从拉丁语中派生出来的语言，书写这些语言的文字总称为“拉丁字母”。如果只说“字母”，有时候还会指希腊字母、阿拉伯字母等等这些其他的表音文字，所以这里用“拉丁字母”加以区别。

●字　型（font）

字型这个词，是包括大小写字母、数字、标点符号和声调符号等等一整套字体的总称。不被印出来的空格（铅空）也是字型的一部分。构成字型的要素称为“字形”（glyph）。如果在 Illustrator、InDesign 菜单里点选“字形”，就可以看到一款字体里所配备的所有字形。下图是标准字型的一例，但最近有越来越多的字型会预装更多的字形。

日常生活中“字型”与“字体”往往被混用。“字型”原本指的是金属活字中某款字体单个字号的一套铅字，也是销售活字时的包装单位。作为一套字型，每个字母的数量会依照使用频率而不同，不同字体、字号中也会不一样。

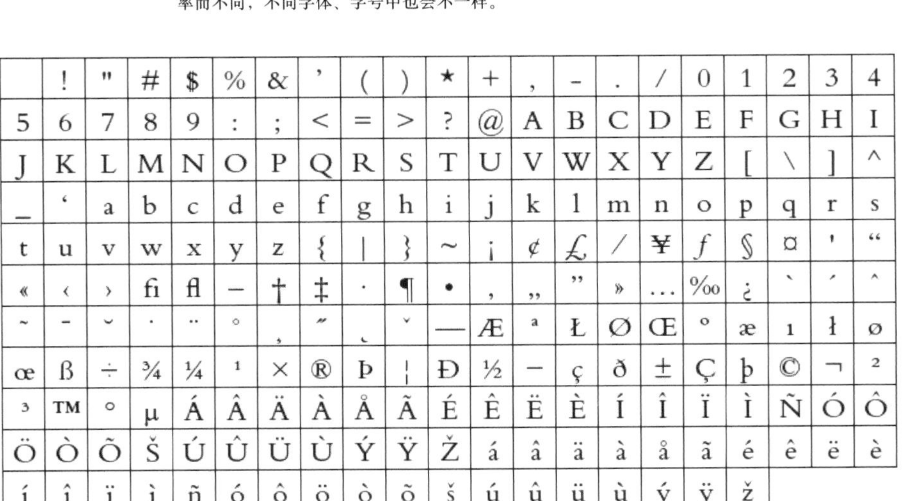

	!	"	#	$	%	&	’	(	)	★	+	,	-	.	/	0	1	2	3	4
5	6	7	8	9	:	;	<	=	>	?	@	A	B	C	D	E	F	G	H	I
J	K	L	M	N	O	P	Q	R	S	T	U	V	W	X	Y	Z	[	\	]	^
_	‘	a	b	c	d	e	f	g	h	i	j	k	l	m	n	o	p	q	r	s
t	u	v	w	x	y	z	{	|	}	~	¡	¢	£	⁄	¥	ƒ	§	¤	'	“
«	‹	›	ﬁ	ﬂ	–	†	‡	·	¶	•	‚	„	”	»	…	‰	¿	`	´	ˆ
˜	¯	˘	˙	¨	˚	¸	˝	˛	ˇ	—	Æ	ª	Ł	Ø	Œ	º	æ	ı	ł	ø
œ	ß	÷	¾	¼	¹	×	®	Þ	¦	Đ	½	−	ç	ð	±	Ç	þ	©	¬	²
³	™	°	µ	Á	Â	Ä	À	Å	Ã	É	Ê	Ë	È	Í	Î	Ï	Ì	Ñ	Ó	Ô
Ö	Ò	Õ	Š	Ú	Û	Ü	Ù	Ý	Ÿ	Ž	á	â	ä	à	å	ã	é	ê	ë	è
í	î	ï	ì	ñ	ó	ô	ö	ò	õ	š	ú	û	ü	ù	ý	ÿ	ž			

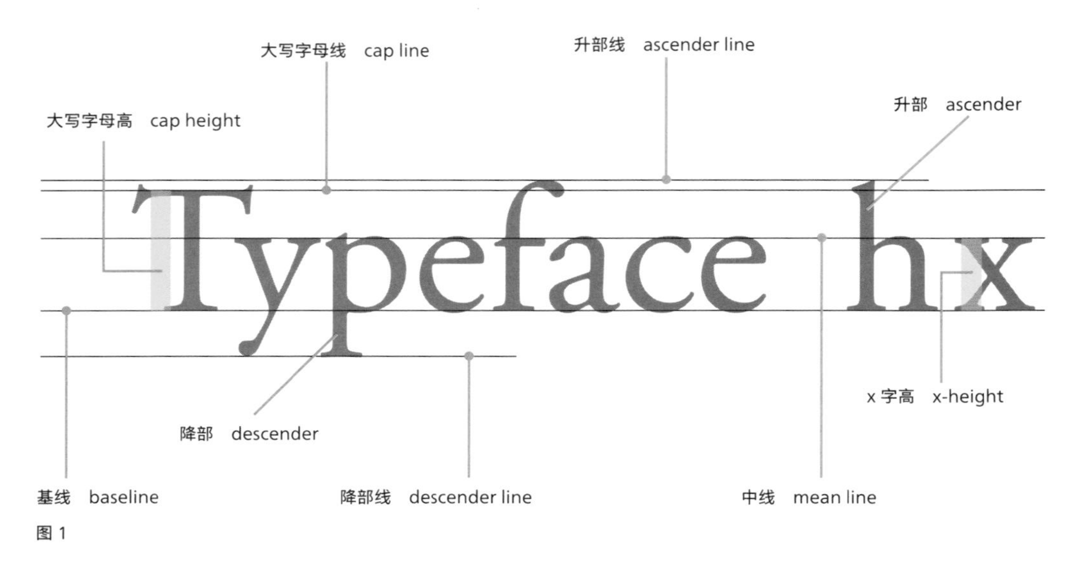

图 1

图 2

●**各部位名称**

大写字母 H、小写字母 x 下划过的一条假想的线被称为“基线”，大写字母上方划过的线叫“大写字母线”，小写字母 x 上方划过的线叫“中线”。从基线到大写字母线的高度叫“大写字母高”，从基线到中线的高度叫“x 字高”。b、d、f、h、k、l 这些字母从中线向上伸出去的部分叫“升部”，而 g、j、p、q、y 这样从基线向下方伸出去的部分叫“降部”，而划过它们顶端的线分别称作“升部线”“降部线”。大写字母线与升部线并不相同，一般来说升部线会稍微高一些（图 1）。无衬线体（参见第 14 页）中，也有一些字体的大写字母线与升部线一样高。

为了让字母看起来高度一致，A、O、W 等字母要做得比这些参考线突出去一些（图 2）。

图 3 衬线 serif

图 4 衬线的种类

图 5 字腔 counter

图 6 字干 stem

图 7 字碗 bowl

图 8 字尾 tail

图 9 横杠 crossbar

图 10 极细线 hairline

在字体中，字母笔画末端会有一些特别突出的部分，这个部分叫“衬线”。图 3 中 I、T、A 的箭头所指的部分都是衬线。如图 4 所示，衬线分弧形衬线、极细衬线、方块衬线等几种类型。

字母的内部空间称作“字腔”（图 5）。像 H、c 这样向外侧开放的字母内部空间形状也是字腔。

构成字母的笔画中，垂直的竖画部分叫“字干”（图 6），圆弧的部分叫“字碗”（图 7）。

Q、R 等字母中向右下延伸的笔画叫“字尾”（图 8），十字交叉的水平笔画叫“横杠”（图 9）。

所谓极细线，是像图 10 那样在具有粗细笔画区别的一些罗马体（参见第 16 页）中出现的笔画。

Roman

Italic

罗马体（上）

意大利体（下）

罗马体（roman）

罗马体是笔画末端带有衬线、具有源自平头笔书写般粗细笔画区别的一类字体的总称。一般来说，罗马体的衬线能让字母造型更突出，因此罗马体更易于阅读，适合书籍等长篇文章的排版。

另外，roman 还有另外一个意思，即垂直正立的“罗马正体”，用于区别“意大利体”。

Roman

Blackletter

哥特体在欧洲特指西文“黑字母”

无衬线体（sanserif）

法语的 sans 即“无”，因此 sanserif 就是“没有衬线”的意思。这类字体在美国、日本常被称作“哥特体”（gothic），但“哥特体”这个词在欧洲一般用来特指西文的“黑字母”（black letter），所以为了避免混淆，本书使用“无衬线体”这个词以示区别。

Sanserif

意大利体（italic）

意大利体是保留了浓厚手写风格特征的一种倾斜字体。它并不是把正体字单纯地加以倾斜，小写字母的 a、f、e、w 等字母都有其独特的造型，与罗马正体不同。另外，将正体字母造型直接加以倾斜的字体被称作“单斜体”（oblique）*。

* “单斜体”这一称呼并不普遍，人们有时会直接将倾斜的字体都叫作“意大利体”。

Italic *afew*

Oblique *afew*

手写体（script）

手写体是具有手写风格的字体，大致分为两种。一种是具有传统风格的铜版手写体（下图左），原本是把执笔手写的字体雕刻在铜版上，再用凹版印刷而成，后来也被制成了金属活字；而另一种是具有现代风格的手写体（下图右），不同的书写工具能让字母具有各种各样的表情。

Copperplate script　　Mistral

字距（letter space）、词距（word space）

字距是指字母之间的间隔。词距是单词之间的间隔。另外还有“字间距”“词间距”等各种说法，本书统一采用“字距”“词距”。

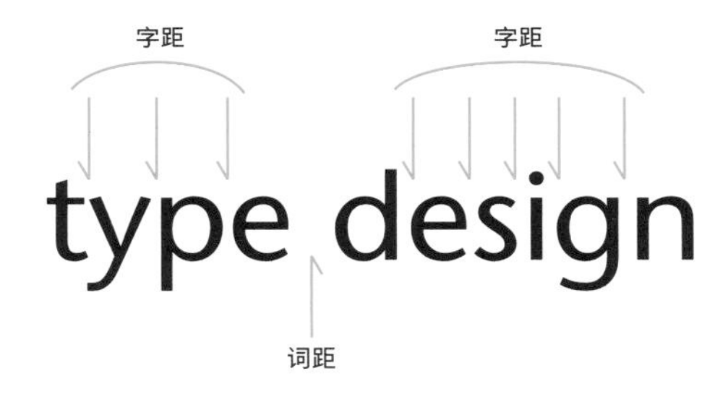

行距（line space）

行与行之间的距离叫行距。现代的数码字型中，西文里基线到下一行基线的距离通常被称作“行距”。有些地方还会区别“行距”“行间距”以及“行高”等各种概念，本书的用法如下图所示。

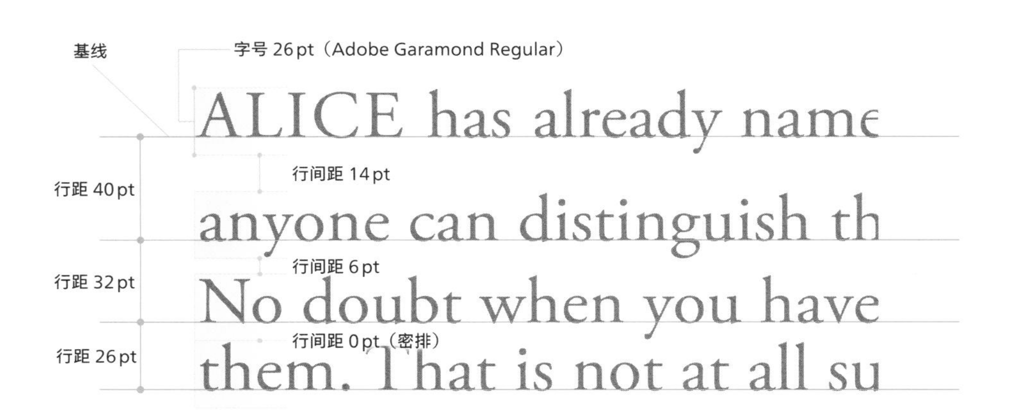

字体家族（family）

同一款字体中，可能同时具有罗马体、意大利体、粗体、宽体、窄体等好几类造型，这些统称为一个“字体家族”。不同字体会有不同的家族构成方式，比如有的是具有不同的粗细度（也叫“字重”），有的配有内划线、轮廓线（空心字）等装饰性的造型，还有的则是根据使用字号区分（参见左下图及第 91 页），带有各种各样的类型。粗细度又分细体（light）、常规体（regular）、中等体（medium）、粗体（bold）、黑体（black）等等。有的字体不叫常规体而称作罗马体，有的不叫中等体而叫半粗体（semi bold），粗细度的标准和称呼都会有所不同。

Roman	**Semibold**	**Bold**
Italic	***Semibold Italic***	***Bold Italic***

Adobe Garamond Pro 字体家族

Light	Regular	Medium	**Bold**	**Black**
Light Italic	*Italic*	*Medium Italic*	***Bold Italic***	***Black Italic***
Light Condensed	*Condensed Oblique*	Medium Condensed	**Bold Condensed**	**Black Condensed**
Light Extended	Extended	Medium Extended	**Bold Extended**	**Black Extended**
			Bold Outline	

Helvetica Neue 字体家族（精选）

Arno Pro Display

Arno Pro Subhead

Arno Pro Regular

Arno Pro Small Text

Arno Pro Caption

Arno Pro 按照使用字号的不同而制作的字体家族

活字时代的标题字体（上）
因为此类字体只有大写字母，为了在多行排版时能够挤压行距，需要将基线以下的部分做得比普通的字体（下）窄小一些

●小型大写字母（small caps）

小型大写字母是指看起来大致与小写字母的 x 字高相当的大写字母。为了与普通的大写字母的笔画和粗细匹配，小型大写字母会做得稍微粗、宽一些，并不是单纯地将大写字母缩小而成。

SMALL CAPS abc ABC

●等高数字和旧式数字（lining figure and old style figure）

上下对齐的数字叫等高数字。上下参差错开、常用于书籍排版等正文里使用的是旧式数字。一般来说，等高数字的字宽也是相同的（参见第 94 页）。

0123456789 0123456789

●点与派卡（point and pica）

1 点（约 0.3528 mm）为 1/72 英寸，是用来指定字号、行距的单位，有时缩写为 pt。1 派卡等于 12 点，用来指定行长、印刷位置等等。

●字号（font size）

字体的字号，如右图所示，是虚拟字框的高度。这一点与金属活字一样，也就是相当于活字字身的高度。之前出于铸造活字技术上的限制，活字不可能把活字的字身铸满；而在数码字型中，有的字体会把从升部到降部的距离作为字号，而有的字体的设计甚至还可以向上或向下突破虚拟字框。

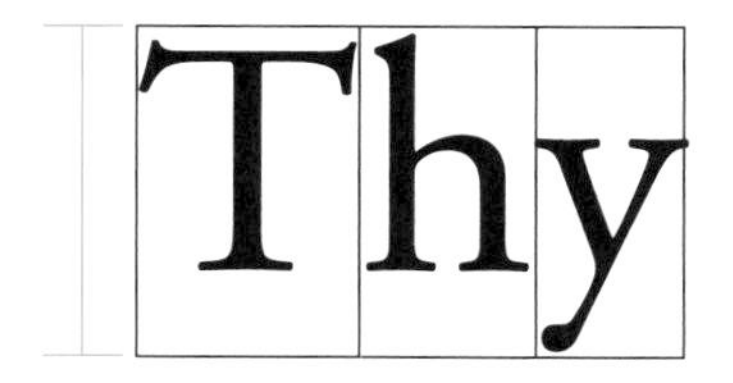

●全身与半身（em and en）

以字号为边长得到的正方形就是一个全身。金属活字里大写字母 M 的上下左右长度几乎一样，所以在概念上把全宽称为“全身”，并把其一半称作“半身”。如果使用的字号是 8 点，则高与宽都为 8 点就是 1 em，高 8 点宽 4 点就是 1 en。比如半身连接号（en dash）即相当于中文排版里的“半字线”连接号所占宽度。

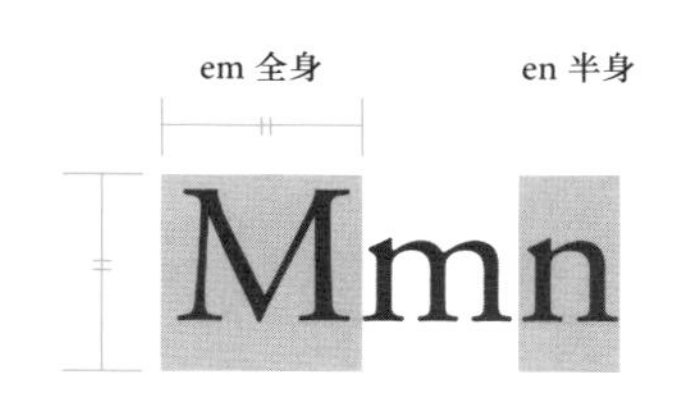

■简明西文字体史

下面我用问答的形式，为大家概述一下西文五千年的字体史。

●为什么会有那么多种类的字体呢?

拉丁字母的字体数量的确很多。在挑选字体时，大家是不是只看造型、凭感觉，或者总是选那些平常用惯了的字体呢?西文的活字字体有五百多年的历史，每个时代、地区都会根据不同的使用目的而制作大量的字体。因此，其中必然会有其目的和理由。通过了解一些历史背景，我们就能解决原先对字母造型、用法等基础知识的疑问，拓展自己字体的选择范围。在此，我将拉丁字母大约五千年的历史凝缩成数页。读完之后，大家的一些疑问应该可以得到解答。

●为什么字母表叫 alphabet?

大家见过埃及的圣书体文字吗?这是一种把物体造型直接当作文字的一种表意文字。公元前 3000 年左右，埃及创造并使用这样的文字。但是，这只能表达具有形状的物体。之后，随着时代的进步、文明的发展，人们慢慢地把文字与语音对应起来，其用法逐渐变得与现在的字母一样了。就这样，埃及圣书体文字经历了从表意文字到表音文字的变迁。

公元前 1000 年左右，居住在地中海东岸并通过海上贸易发展起来的腓尼基人，将埃及圣书体文字与自己当地的文字相结合，创造出了腓尼基字母，并随着贸易的扩展将其传播到地中海沿岸。

逐渐地，到了公元前 800 年左右，希腊人利用腓尼基字母创造出了现代希腊字母的祖先。当然，字母并非一下子直接变成了现在的造型，而是结合本地的字母，有的融合，有的消失，有的连起来，有的分开，慢慢形成的。经过不断变迁，到了公元前 100 年左右，腓尼基字母逐渐开始接近我们今天所见的希腊字母了。顺便提一下,“字母表”这个词之所以叫 alphabet，就是源自希腊语开头的两个字母:阿尔法（α, alpha）、贝塔（β, beta）。

ΒΑΣΙΛΕΥΣ
ΑΛΕΞΑΝΔΡΟΣ

为什么叫罗马字?

这种腓尼基字母也传到了意大利半岛。在公元前 600 年左右，当地人主要从希腊字母里借来二十个字母当作拉丁字母（罗马字）使用。之后，在古罗马帝国（成立于公元前 27 年）采用拉丁语为通用语言时，又加上了 G、Y、Z，这样共有二十三个字母。之所以叫“罗马字”，就是因为它们源自古罗马帝国。随着古罗马帝国势力范围在欧洲不断扩大，字母就与其文化一起在欧洲流传开了。

为什么字母 J、U、W 会有各种不同的造型?

罗马体大写字母的范本是古罗马时代的石碑，但是里面还没有 J、U、W，因为把这三个字母加进来组成二十六个字母是 16 世纪的事情。一些古书里把 Johann 写作 Iohann，把 Queen 写作 Qveen，就是时代的痕迹。从字母 I 里派生出 J,将原本作为 V 异体字的 U 独立出来，将两个 V 连起来写作 W 都是后来的事情。现代该写成 U 的地方当时可以写作 V,该写 W 的地方当时可以用 VV 两个活字并排。后来字体设计师在制作罗马体时，由于没有范本参考，所以就想出了各种各样的造型。

罗马，古罗马广场上的碑文

J J J U U W W W

各种各样造型的大写字母 J、U、W

uncial

约 4 世纪　安色尔体

half-uncial

约 5 世纪　半安色尔体

约 9 世纪　卡洛林体

为什么会有大小写之分？

看看罗马碑文就能发现，古罗马创造出的字母只有大写。随着时代的发展，用于书写文字的文具（纸莎草纸、羊皮纸、芦苇笔、羽毛笔）逐渐普及，书写频度增多。结果，大写字母越来越潦草，带上了圆弧。为了便于运笔和辨别字母，出现了上下错开的升部、降部，小写字母应势而生。这个过程也并非一蹴而就，而是从 4 世纪左右开始到 9 世纪左右，逐渐演化而成。在拉丁字母中，既有像 C 和 c、O 和 o 这样几乎没有变化的字母，也有像 A 和 a、D 和 d 这样大胆演变的字母。直到现在，人们依旧会认为用大写字母书写会更传统、更正式，正是先有大写字母，再从中演化出小写字母的缘故。

古登堡制作的《圣经》

为什么会出现活版印刷？

在 15 世纪左右的欧洲，书籍是一种非常珍贵的物品。在基督教会里，制作一本《圣经》需要抄书工一个字一个字认真手写，既花时间又花劳力。《圣经》自然而然地就成了昂贵的物品，教会将其当作善款的回礼赠予王公贵族，说白了就是教会为了收敛钱财而制作的一款高价的人气商品。而注意到这桩生意的就是古登堡（Johannes Gutenberg）。

身为德意志贵族，古登堡会一手金属加工的技术。他的目的是否真的是想更快、更轻松地制作出《圣经》以赚大钱，我们无从得知，不过他的确研究了金属活字、印刷机、油墨等技术，于 1450 年左右发明了西方的金属活字印刷术。其中或许有传播基督教的目的，但是他肯定不会想到，他的活字印刷术会在后来被称作“文艺复兴三大发明”之一，引发宗教改革中的媒介革命，并成为从中世纪向近代转变过程中的一项桥梁技术。

古登堡并非单纯地把《圣经》印出来而已。也许是为了让印刷本成品看起来与手抄本一样，以便能够卖出更好的价钱，他努力地去再现抄书工一字一字书写出来的手抄本的效果。

古登堡制作的字体被称为“哥特体”，也叫“黑字母”，与当时抄书工书写《圣经》中的字母几乎一模一样。当手抄本需要两端对齐（参见第 66 页）时，为了让行宽能准确对齐，抄书工们下了各种各样的功夫：或将同样的字母写成不同的宽度，或把两个字母拼成一个字，还使用了大量的拉丁文缩略语。古登堡为了再现手抄本的这些特点，也忠实地按照各种字形制造了多种活字，对齐行宽排印做成印刷本。通常的拉丁字母只要一百多字就足够了，古登堡却制作了三百多字的活字。

古登堡制作的活字

但是，古登堡没有成为大富翁。印刷机、活字、印刷半成品的《圣经》都被抵押给出资者，在内乱中，他的家和印刷所也被付之一炬，他经历了跌宕起伏的一生。

为什么有各种各样的罗马体？——1
［威尼斯体（venetian）、旧体（old face）］

虽然活版印刷作为生意不算成功，但是使用金属铸造活字的活版印刷作为技术本身非常优秀，被古登堡的徒弟们带到了欧洲各地。当时正值文艺复兴时期，在威尼斯兴起了一场由活字印刷而引发的出版热潮。古登堡使用的哥特体并不符合意大利人的喜好，所以人们按照在威尼斯流行的古典罗马体，制作出了更易读的活字字体，这就是 1470 年左右尼古拉·让松（Nicola Jenson）所制作的罗马体，这类字体被称为“威尼斯体”。

在阿尔卑斯山以北的德国，日光微弱而寒冷，建筑物的窗户很小，室内一直都是昏暗状态。为了便于阅读，笔画粗、灰度高的哥特体显然更合适。反过来，临近地中海的意大利有着柔和温暖的气候，打开窗户就可以让室外的光线照射进来，所以像威尼斯体那样看得更习惯的细笔画字体会更易于阅读。

Venetian
AEHMOTS abcegfnoptsy

Adobe Jenson Pro

威尼斯体的特征：带有浓厚的书写感，字母笔画粗细抑扬的变化轴是倾斜的。小写字母 e 的横画之所以倾斜，是哥特体留下的影响。另外，横竖笔画的粗细差别较小，衬线也较粗壮而生硬。威尼斯体的字母 M 上方的衬线通常会向内侧延伸，不过最近的数码字体经常将其省略。

逐渐到了 15 世纪末，威尼斯的印刷师阿尔杜斯·马努提乌斯（Aldus Manutius）在保留了书写感的同时，又考虑到作为印刷字体的功能性，创作出了现在被称作“旧体”的字体。1540 年，法国的克洛德·加拉蒙（Claude Garamond）制作出了堪称典范之作的旧体字。直到现在，世界各地的字体厂商所出售的 Garamond 字体，名称就源自这位人物。

旧体的特征：字母粗细抑扬的变化轴虽然与威尼斯体一样都是倾斜的，但是角度接近垂直。笔画粗细的对比变强，衬线则是两端细、中间稍粗一些。e 的横画呈水平，M 上方的衬线只留有外侧部分。这也证明了，这类字体并不是对书写的单纯模仿，而是以印刷为目的考量出来的。

●为什么叫意大利体？

阿尔杜斯·马努提乌斯也因制作了意大利体而闻名于世。意大利体是受 1500 年左右的教皇厅字体等的启发制作而成的一种近似草书的倾斜字体，这种字体流传到了欧洲其他地方就被称为 italic，即“意大利风格的字体”。如今，“意大利体”已经称为一个普通名词。意大利体最初只有小写字母，而大写字母用的是罗马正体的小型大写字母。但是到了 1545 年左右，加拉蒙制作了倾斜的意大利体大写字母。意大利体本来是一款独立的、用于正文的字体，但是到了 16 世纪中叶开始被用于表现强调的部分或者外来语，逐渐地成为罗马体的一种辅助性字体（参见第 88 页）。

阿尔杜斯·马努提乌斯的意大利体

●为什么有各种各样的罗马体？——2

［过渡体（transitional）、现代体（modern face）］

到了 18 世纪，铸造技术、印刷机技术的进一步发展，油墨、纸张也得到改进，使得极细线这样精致漂亮的印刷表现手法成为可能。随着这些技术的发展，更为雅致的罗马体诞生了。这就是向后来出现的“现代体”演变过程中出现的“过渡体”。英国的约翰·巴斯克维尔（John Baskerville）等人制作的这类字体与旧体相比，字母的笔画线条更精致，手写感更弱。整体还带有一些旧体的风格，但是字母笔画粗细抑扬的变化轴近乎垂直。它不像旧体那样古板，又没有现代体那样机械式的冷酷，在书籍印刷品中至今依旧备受欢迎。

Transitional
AEHMOTS abcegfnoptsy

ITC New Baskerville

过渡体的特征：与旧体相比，笔画粗细的差异更大，尽管手写感大为减弱，但是整体还保留着旧体的风格。字母粗细抑扬的变化轴几近垂直。

将过渡体的特征进一步推进，拉开现代体帷幕的是富尼耶（Pierre Simon Fournier）制作的字体。逐渐到了 18 世纪后半叶，迪多（Didot）家族、博多尼（Giambattista Bodoni）等人制作出了更为完美的现代体。可以说，与工业革命同时出现的机械化、近代化风潮推动了人们对新字体的需求。

Modern face
AEHMTOS abcegfnoptsy

Bauer Bodoni

现代体的特征：笔画粗细的差异进一步拉大，衬线变为极细线，字母的粗细抑扬的变化轴是垂直的。

● **为什么会出现埃及体（Egyptian）、无衬线体？**

但是，现代体并没那么易于阅读，在过于现代化之后出现了反弹，人们又开始偏好旧体。

随着工业革命带来的现代化，一些新字体也逐渐出现。生产效率提高后，为了能卖出更多的商品，海报、传单与报刊广告等宣传用的印刷品泛滥街头。这时使用细小的正文字体印刷几乎没有宣传效果。没有更大的活字吗？没有更醒目的活字吗？针对这些需求，在 19 世纪初，竖画极度粗犷的肥胖体（fat face）、强调浓重黑度的埃及体和怪诞体（grotesque），以及其他各种风格多样的装饰性字体逐渐出现。另外，怪诞体到后来被改称为“无衬线体”。

Black
肥胖体

A SHEEP
埃及体

OINTMENT
无衬线体

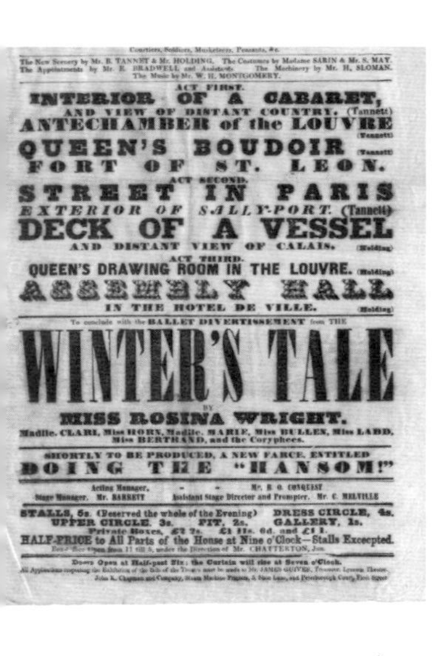

19 世纪后半叶，正值维多利亚时代的英国，充斥着在同一张页面里罗列繁多字体而吸引眼球的海报和传单。但是，当这类花哨的印刷物在街头泛滥成灾后，反而无法变得醒目。因此有些人开始思考：不能单纯地罗列出醒目的字体，反而是要注意空间的使用，加大强弱对比，突出重点才能吸引人们的注意。这些人应该就是当今平面设计师的鼻祖吧。被称作“维多利亚式字体排印”的那些印刷品，到了现在虽然会被认为是丑恶不堪、没有品位的海报作品，但是反过来说，如果当今按这种风格做，反而能让人感觉到那个年代的历史感。

Futura
Kabel
Gill Sans
Rockwell
Ultra Bodoni
Weiss
Times
Helvetica
Univers
Optima
Sabon
Palatino
Frutiger
Zapfino
Gotham
Scala
Akko

● 20 世纪之后有哪些字体？

逐渐地，人类步入 20 世纪，随着铸字厂的现代化和时代的需求，具有清新雅致感觉的新字体出现了。无衬线体类有 Futura、Kabel、Gill Sans 等，埃及体类有 Rockwell，肥胖体类有 Ultra Bodoni 等，罗马体类也有典雅的 Weiss、报纸字体 Times 等字体不断诞生。第二次世界大战之后，伴随着现代设计的浪潮而一举成名的有 Helvetica、Univers，还有以罗马体为原型加入无衬线体要素的 Optima。在罗马体方面还有 Sabon、Palatino 等字体大受欢迎。使用金属活字的活版印刷逐渐衰退后，这些优秀字体逐渐被照排（照相排版）所继承，之后随着 Frutiger 等字体相继诞生，字体就进入了当今的数码时代。

在数码字体初期，业界都只是忙于把金属活字、照排字体加以数码化，直到近年才开始从金属活字、照排的技术限制中解放出来，开始进行一些之前无法表现的新尝试，Zapfino 就是其中的代表。另外，随着字体制作软件的普及，像 Gotham、Scala、Akko 这样新感觉的字体相继诞生。到了现在这个时代，我们需要更认真地辨别优秀字体，也更考验我们使用字体的手法。

以上我们一起梳理了拉丁字母和字体的历史变迁。这些变迁，并非单纯的设计变化，而是与书写材料、印刷技术的历史紧密相关。了解这些历史，我们不仅能在挑选字体时获得更多启示，还能借以扩展设计的广度。

桨帆船与木屐

检查文字是否有错的步骤称作“校对”。直到现在还有人把为了校对而暂时印出的样张叫“长条校样”，英文叫 galley proof。

那么这个 galley 是什么呢？活字时代的排版，需要使用一种被称作“手盘”的专用工具，把活字一个一个地排起来，排完几行后再转移到一块木质的活盘上。每排好一页，要用绳子绑好固定，再放到打样机上先印几张用于校对。在欧美，这块木盘就叫 galley。这个词本来指的是古希腊、古罗马时期奴隶们操纵的桨帆船。有一种说法是，活字并排的样子因与在船底整齐排开划桨的奴隶类似而得名。

经过校对修改，最后的“清样”得到确认之后即成为“付印样”，可以开始正式地架到机器上进行量产付印。

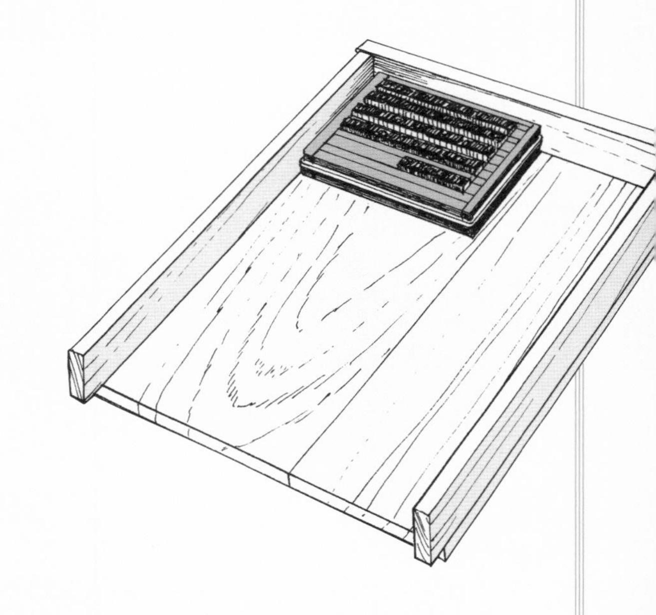

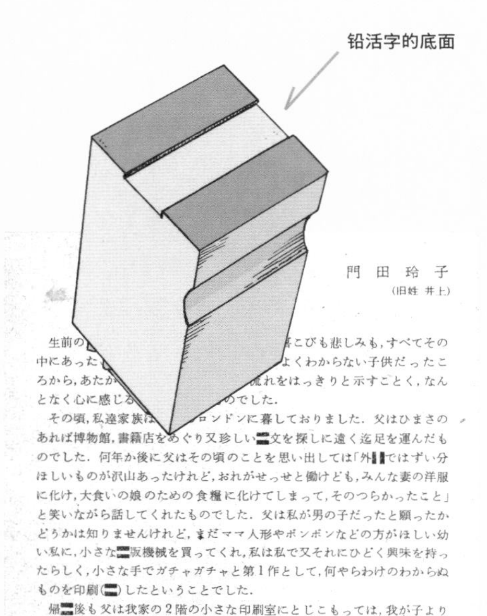

門 田 玲 子
(旧姓 井上)

生前の　喜こびも悲しみも，すべてその
中にあった　よくわからない子供だったこ
ろから，あたか　流れをはっきりと示すごとく，なん
となく心に感じる　のでした．
その頃，私達家族は　ロンドンに暮しておりました．父はひまさの
あれば博物館，書籍店をめぐり又珍しい〓文を探しに遠く迄足を運んだも
のでした．何年か後に父はその頃のことを思い出しては「外〓ではずい分
ほしいものが沢山あったけれど，おれがせっせと働けども，みんな妻の洋服
に化け，大食いの娘のための食糧に化けてしまって，そのつらかったこと」
と笑いながら話してくれたものでした．父は私が男の子だったと願ったか
どうかは知りませんけれど，まだママ人形やボンボンなどの方がほしい幼
い私に，小さな〓版機械を買ってくれ，私は私で又それにひどく興味を持っ
たらしく，小さな手でガチャガチャと第1作として，何やらわけのわからぬ
ものを印刷(〓)したということでした．
帰〓後も父は我家の2階の小さな印刷室にとじこもっては，我が子より
よっぽど扱いやすい〓字を相手に，楽しそうに時間を過したものでした．
そして私はといえば，その父の宝庫にこっそりとしのび込んでは，珍しい美

大家听说过“倒空”吗？如果碰到字体里没有的字，到现在也偶尔会听到有设计、编辑的老前辈们“那就暂时先插一个倒空吧”这样的说法，而在日本大家则会说“先穿上木屐吧”。

汉字的活字排版有时会遇到没有所需活字（缺字）又无法拿到补字的情况，还有时会遇到无法判读手写的稿件却又急着要继续排版、校对的情况。这时就可以临时拿一个相同字号的活字，颠倒过来插到版里，等事后拿到正确的活字再进行替换。颠倒过来的这个部分，也就是金属活字的底面，如左图所示，中间有一个凹槽，印出来的图案就像日本木屐的鞋跟，因此在日本管这种缺字叫“木屐”。

即便到了数码时代，倒空作为一种符号也被放到字体里。我们在中文输入法的“特殊符号”模式里也能打出“〓”这个符号。

1971 年左右，我的父亲高冈重藏针对从美院毕业走出社会后在现实中遇到各种的西文排版问题的年轻人开展了字体排印实践教育，每个礼拜一夜又一夜，使用的就是这本 *Basic Typography*。本书（《西文排版》）从第二章开始的练习题也均来源于此。当然，当时肯定没有电脑，所以遵循的是与极度耗费精力的活版印刷一样的做法。

第二章

西文排版的基础练习

这是嘉瑞工房在印刷字体样张时实际使用的铅活字版面。这里使用的字体是 Helvetica Regular，也是原版金属活字的 Helvetica。

开始西文排版的第一步

在所谓优秀的西文排版中，单词、行、版心都要排列均衡，令人赏心悦目。这个说法，也可以用“点、线、面”的概念进行替换。将点、线、面这三者联动、结合起来考虑非常重要。

在本章中，我们会依次学习排版中最基础的字距、词距、行距。每一小节在解释完思路之后，都带有练习题，大家可以一边实际动手体验一边推进。无论是编辑设计、包装设计、广告、标识、还是网页设计，所有平面设计中的西文字体排印基础都从这里开始。浩瀚河川都是从一滴水珠开始的。我们先从“排单词”这第一步开始吧。

字距、词距、行距应该如何处理？先辈们为了寻求其中的法则，进行了无数的尝试和挑战。但是面对无数的字体、排列、使用内容的不同组合，决定性的法则并不存在。本章想要告诉大家的不是法则，而是思路。掌握了思路之后，大家可以自己进行各种各样的尝试。这里提出的练习题应该可以成为一个切入口，在这之后大家再去寻找自己的法则。

我们首先来看下面这段文字。大家有什么感觉？能够顺畅地将内容读进去吗？

With the rapid progress of Information Technology, the growth in global transactions has prompted us to provide more flexible logistics services.
All our customers have different requirements. Masao Warehouse endeavors to meet each customer’s needs and provide optimal service by managing all aspects of logistics, such as product characteristics and local conditions.

■ 阅读的速度与节奏

首先，让我先来谈谈“什么是既易于阅读，又漂亮的排版”这一永恒的课题。我刚开始从事这一行时，我的父亲作为师傅反复和我说的一句话就是“要能够切实理解点、线、面!”。我的这几十年，就是攻克此课题的漫漫征程。

所谓“易读性”，会根据各种前提条件和要素（字体、字距、词距、行距、行长、余白、纸质、纸张颜色、文字颜色等等）而发生极大变化，无法单靠一两个公式解决。我从对此产生各种犹豫和烦恼，到感觉似乎略知一二，花了将近十几年的时间。说不定其实还没有弄懂多少。为了呈现舒服、易读的文本，人们从活版草创初期开始就不断研究至今。易读、漂亮的西文排版到底指的是什么呢?

●点（指的是字母、单词、字距）

漂亮的字符串（单词）是指排列出来的字腔与字距均衡稳定。只要是经过切实设计的字体，即使按照默认的字距直接排出来，也会很漂亮。因此，如果使用大小写字母混合（参见第 84 页）或者仅用小写字母的排版，原则上应避免使用字符间距调整功能去挤压、拉伸字距（当字号非常大或非常小时，有时可能加以微调。参见第 32 页）。

●线（指的是单行、词距）

若干单词排列而成的字行同样如此。只要是靠谱的字体，敲一下空格键就应该能输入一个最适合该款字体的词距。

但如果是两端对齐，就无法保持均一的词距空隙，我们需要自行判断将词距的最大、最小值设定到什么程度，哪怕英文不好，也要先靠自己的眼睛看一下，尝试着读一下句子。视线能够自然地流动、按照稳定的节奏去追随字母吗? 词距太挤会导致单词的边界过于模糊，太大则会导致阅读每个单词时都发生停顿，阻挡视线前进，无法进行流畅舒适的阅读。

行长也会对易读性造成很大的影响。拿一段西文来看，是像书籍正文那样需要沉浸阅读的文字，还是像报刊那样尽快传递信息的文字，行长要随之变化。根据具体情况，有时即使词距不太一致也只能放过。

● 面（指的是一页、行距）

完整的版面是由字母、行长和行距，以及页面与空白构成的。

请大家思考一下阅读文章的过程。首先，应该很少有人会从最初的字开始，按顺序一直读到最后吧。在阅读过程中，读者有时会看一下前面的单词，有时还会退到数行之前的单词确认一下文章的意思，不断来回跳动视线来理解文章的内容。这时，如果每行字的字距、词距都不一样，或者行距太大，就会打乱阅读速度，无法读取文章的内容。这类微小的不适感会不断叠加，容易导致整个排版变得难以阅读，难以理解。

对于字距、词距，到了当今这个时代，我们只要正常地使用靠谱的字体，在一定程度上就能排出挺好的效果。我觉得，在西文排版中大家最薄弱的一点，可能是行距的设置，而重点则是词距与行距之间如何取得平衡。

看一下日本的西文排版，特别是数行短文的排版，有很多地方会用字母笔画纤细的字体，配很小的字号，行长又特别长，还把行距拉得很大。这乍一看留有很多余白，感觉很漂亮，实际上却让人必须睁大眼睛、认真追踪字行才能阅读。除此之外，整体灰度过于松散，不敌纸面的白度，会给人一种眼睛昏花、难以阅读的感觉。如果用的还是带光泽的铜版纸，那阅读起来就更难受了。

易读的西文排版需要有良好的阅读速度和节奏。希望大家能将本书的各个项目综合起来进行训练，然后再大量地浏览、阅读一些欧美出版的优秀排版，与自己的训练成果做一个比较，这样就一定能理解什么是优秀的排版。

在西文美丽姿态中最吸引父亲与我的，是其质地均匀、漂亮的灰度。我们努力的目标是既要让读者能以符合内容的速度、舒适的节奏去追踪文字，又能让制作出的西文排版美观、易读。

小写字母的字距

正文排版原则上无须对小写字母的间距进行拉伸或挤压。当今那些质量过关的字体，都已由专业的字体设计师设定好了标准的字距，几乎都不需要调整。那么，优秀字体里的字距都是以什么样的思路设定出来的呢？

正如本章开头所描述的，小写字母的字距过紧或者过松都无法让人顺畅地阅读。只有按照适当的字距整齐地排好，才能让读者自然地辨识单词的形状，舒服地阅读文章。

黑与白的平衡

让字母笔画的黑色部分与字母的字腔、字距的白色部分之间保持节奏性的平衡非常重要。字母 n、u、o 字腔的量相对固定，据说只要将字距的量调整得与这个量相同或相近，排出来就能有舒适的平衡感（图 1、图 3）。黑白反转后可以更容易看出字距与字腔（图 2）。

无论是针对无衬线体和意大利体，还是粗体、窄体，我们都可以同样采用这个思路，由此可知，因为意大利体、窄体的字腔偏小，所以字距也要变小。而对于哥特体，基本的思考方法也是一样的（图 4）。这一点对制作原创标识应该也很有用*。

* 广告、标识中有时会对正常字体的字距进行拉伸或者挤压，但是如果设定过于随意，就可能破坏字体原本的优点。重要的是节奏与平衡感。

一些像特细或者宽体那样以标题用字为使用前提的字体，其字距会预先设计得偏挤一些（图 5）。这是因为用在像广告等使用大字号的场景中，作为整体的文字块更容易被识别。另外，正文字体放大使用时，字距要稍微拉紧一些；反过来，用在像脚注那样的小字号时，字距稍微拉开一些可能会更易读。具有视觉字号的字体（参见第 91 页）能更好地解决这个问题，但目前这类字体还为数不多。

只要理解了小写字母字距的基本思路，即使在排版软件单纯灌文后产生字距不均的问题，相信大家也能马上注意到吧。会看小写字母字距，对分辨字体是否优秀也非常有用。偶尔会有人让我评价字体的好坏，但是我不是字体设计师，我不会单从具体的字母笔画造型去判断。看字母排成文章的状态，看小写字母的排列是否舒服也是评价标准之一（图 6）。

niuo

图 1

niuo

图 2

millennium

strawberry

图 3

并非所有的字距都完全一致，
r-y 间距等处就稍微宽松一些

niuo niuo

niuo niuo

图 4

niuo niuo

图 5

The terms typographer and letterpress printer
cannot be used as synonyms. The real typographer
should be an 'engineer' who has considerable
knowledge of every stage of the printing process;
he should also be an artist, capable of handling
his type as a painter does his brushes and colours.

图 6

字距设置可靠的正文字体范例：Aldus nova book

大写字母的字距

如果只有两个大写字母，间距就不成问题。问题是在排成单词后，如何把若干个字距调整均匀。

直接把大写字母排起来，字距看起来往往会不均匀。而且，与小写字母不同，大写字母可能需要拉伸或者挤压字距，因此需要更为细致的调整。

由于字距调整涉及字体、栏宽、字母组合等多种复杂情况，因此我们只能以最终“看起来”均匀为目标，对实际情况进行单独考虑。但是，如果自己心目中不确定一个标准，遇到不同的案例就会有波动，或者犹豫、困惑。

接下来是我在具体解释自己思路时所阐述的内容。除此之外还有各种各样其他的方法，大家可以作为一种参考。

●按距离考虑

图 1 是不做任何调整，按照等距离把两个字母排列出来的效果。大写字母笔画的出笔方向多种多样，单靠算距离没有办法解决字距问题。像 H 与 I 之间这样，两条直线笔画纵向并排，空间很小，看起来就很挤；K 与 A 之间虽然是同样的距离，上方的空白会导致看起来有点稀疏；而 O 与 C 之间，字母上下都有空白，所以会把这些空白合并起来，看起来有点空。特别是像 A、K、L、R、T、V、W、Y 等这些笔画向各个方向伸出的字母，按照边缘距离排列是没有办法解决间距问题的。

为了让字母在不加任何字距的情况下摆出来的效果也不错，在金属活字中会留出被称作“边空”的部分（活字字身与字面左右之间的空隙）。

但是反过来，像 A 与 W 这样的字母组合，二者已经无法再靠近，此时就只能以其为标准，去拉大其他地方的字距。

而在数码字体中，我们可以通过调整字偶间距来对特定两个字母的字距进行具体的拉伸或者挤压。但即使如此，我觉得在设置“虚拟字身”这一点上，数码字体依旧是沿袭了金属活字里“边空”的概念。

●按面积考虑

图 2 是利用相邻字母之间白色背景部分的面积来考虑的效果（当然不是按照具体数值，而是看起来一样）。如果我们把 C 的字腔、K 的内凹部分也算到面积里来考虑的话，遇到像 HIK 这样字母组合的字距就要设置得很宽。单纯靠面积调整的思路，也会遇到这种不甚吻合的情况。

●按领域考虑

单靠面积无法解决，所以我是像图 3 那样，先设定好每个字母固有的领域（图中带颜色的部分）。也就是说，每个字母都有一块不容侵犯的空间。我们不要单看两个字母之间的面积，而是要让固有领域之外的灰

图 1

HI KA OC ×

图 2

CHIKA ×

图 3

T S P A C I N G

图 4

SPACING

SPACING

图 5

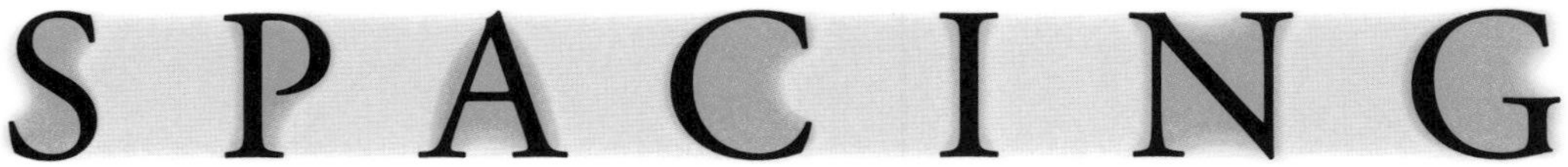

S P A C I N G

色面积达到均一（图 4）。而指定固有领域并没有特别的法则或者数值。我是按照这些图中的方法设置的，大家可以按照各自的经验和思路进行判断。无论是拉伸还是挤压，只要增加或者减少图 5 中的灰色部分，就能在一定程度上解决问题。

无论是看领域还是看距离、面积，不同的排版师会有不同的方法和思路，也许我们还能把不同思路结合起来进行考虑。

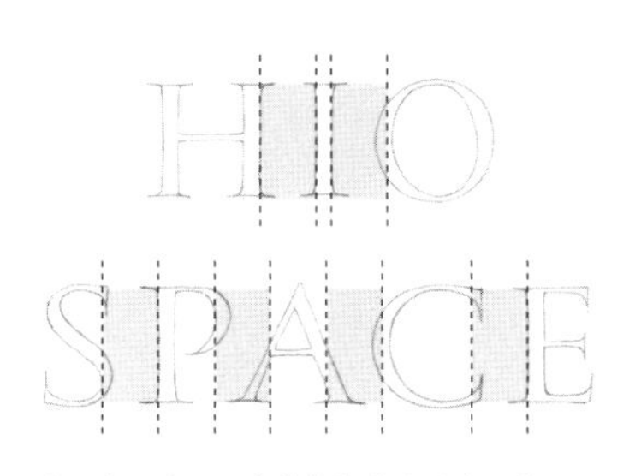

大写字母字距还有其他很多方法来观察。图中是国外介绍的一种考察方法

● 以三个字母一组进行调整

调整字距有一个流传至今的方法，即以三个字母为一组考察字距。

从左开始，先来看最初三个字母之间的两处字距（图 6）。首先，将第一个字母的左侧和第三个字母的右侧用手指或者纸片遮住。以中间的第二个字母为中心，可以看到左右两处字距。二者是否均等？将二者调整均匀之后，再向右移动一个字母。这样就变成以第三个字母为中心，观察其左右两侧的字距。以此类推，一直调到最后，如果各处都调整均匀了，那么整体也应该是均匀的。调整字距不是看字母本身，而是要看相邻字母之间的纵向空间，冷静地去观察其中的黑白平衡。

大写字母的字距与大小写混合排版不同，不能整体选中进行统一调整，而是必须对每处字距逐个进行调整。

另外，如果是由两三个单词构成词组的标识，就不能只看一个单词，而需要根据整体字距是否平衡来进行调整。

● 验证的方法

调整字距有各种不同的方法，调整的结果是否合适，我们需要有验证的方式。

当然，如果能让上司、老师帮忙检查一下最好，但是在给别人看之前，我们可以先自己检查一下。

可以像小写字母那样黑白反转，看一下空间是否有节奏感；或者可以从纸张背面透光来看、眯起眼睛看等；还可以从纸张的另一侧斜过来看（图 7）。以通常的方式看，总是难免会把它们当作字“读”出来，而反过来斜着看，就可以当成图案来冷静地分析，特别是 M、I、L、A 这几个字母之间的关系，换个角度看会有新的发现。

无论如何，大家可以进行各种尝试，定出自己的验证方法。这样就不会因为字体的不同而产生太大波动。

图 6

SPACING

无字距调整（依照“量度”的原始值）

SPACING

接下来以三个字母为一组进行调整

SPACING

SPACING

SPACING

图 7

练习1

字距-1（手动操作）

在此，我们先手动操作进行字距调整。拿六张 A4 纸，中间用铅笔画一条横线当作基线。将下图复印，把六个单词的字母逐个剪下并贴起来，横向摆出来看看。

贴的时候可以使用容易反复撕下的胶带，还可以不断修改、反复尝试。尽管这样操作比较花时间，但也只有通过不断重复地动手并用自己的眼睛去判断，我们才能培养出观察字距的眼力。

o n e

u n i o n

t o g e t h e r

m i l e s t o n e

H I G H W A Y

F A S H I O N

练习2

字距-2（电脑操作）

键盘操作相关表述以 Mac 键盘为标准，下同。

从这里开始，我们用电脑操作吧。请打开 Adobe Illustrator，或者用 Adobe InDesign 也可以。

第一步

用 Times New Roman Regular 输入下列字母。字号为 42 pt，字偶间距、字符间距都设为 0。由于数码字体的大写字母都是以后续跟进小写字母为前提而设定的间距，因此单纯用大写字母排列时，会觉得生硬而拥挤。

FLAMBOYANT

第二步

在这个排列的基础上，以 M-B 间距这样看起来最挤的部分为标准，去调整其他地方。通过改变各个字母之间的字偶间距值来加以调整。结果变为下图这样拥挤的感觉，好几处地方字母之间互相黏结。我们可以发现，O 看起来像个窟窿，而 L-A 间距又没有办法再继续挤了。

option + ⌘ + → 可以 100/1000 em 为单位、
option + → 可以 20/1000 em 为单位进行调整。

FLAMBOYANT

第三步

接下来，再以看起来最宽的地方，比如 L-A 间距为标准进行调整。如下图，字距的面积虽然都一样了，却给人一种松散的感觉。如果是有意而为之还算可以接受，但不能算是标准的间距。

F L A M B O Y A N T

第四步

再让我们试着寻找一下介于二者中间、比较标准的、整体黑度看起来比较均匀的间距。

FLAMBOYANT

更换单词不断重复这项操作。可以自己思考，用各种各样的单词来不断练习；也可以拿无衬线体尝试。
（例：HIEROGLYPH　RAILROAD　TYPECASTING）

词　距

经常有人问："正文排版中最理想的词距应该是多大呢？"其实根据不同字体及其用法还有拼写，答案都会有不同。但如果一定要说的话，应该是"能明确分辨出单词与单词界限的最小空隙"。虽然有点抽象，但确实也只有这唯一的标准。

正文排版如果使用左对齐，大家往往会认为词距就是用电脑按一下空格键的简单操作。但是排出来之后，还是需要对空隙过于醒目或看起来太宽的地方进行字距调整。特别是句号、逗号后面跟上 T 与跟上 H、I 时，空隙看起来会不一样（图 1）。几百页的书籍可能没有时间调整，但如果是设计师自己排的一些短文，还是尽量调整一下为好。

图 1

museum, Tokyo, Yokohama, Hakata ?

museum, Tokyo, Yokohama, Hakata

在两端对齐时，原则上应保持字距不变而去调整词距。但是，词距能拉伸或者挤压到什么程度，需要自己先定下一个基准。带着基准去调整与什么都不想一味乱调，做出的效果肯定会有所不同。

书名、标题等只用大写字母排版的场合，根据词末字母与其后字母的不同组合，会导致词距空隙看起来不一致，因此需要调整均匀（图 2）。

图 2

HOTEL ACORN LODGE

HOTEL ACORN LODGE ✓

大写字母排版里，有时候会只调整了字距而忘记调整词距。拉伸字距却不拉伸词距，会导致词距显得相对过窄。虽然没有特别的标准，但是我经常尝试使用的方法是，把拉大词距的数值设置成拉大字距的数值的两倍。当然，我还会在这基础上继续微调。

根据字母周围不同的要素以及不同的页边距等情况，词距看起来也会不一样。也就是说，词距的效果是相对的，需要根据具体情况去判断最合适的量。

练习 3

大写字母字距与词距

下面来练习调整大写字母的字距与词距。请注意体验一下在拉伸字距之后应该如何调整词距。

第一步

用 Frutiger 55 输入下列字母。把字偶间距设为“自动”*，字符间距设为 0，不加入词距，字号随意。把光标放置到图中黄色箭头所示位置，调整字偶间距以拉开词距，尝试寻找最合适的词距量。

* 在 InDesign 中为“量度”。

▼ ▼

MODERNARTMUSEUM

MODERN ART MUSEUM

第二步

调回没有词距的初始状态，这次把字符间距设置成 50，然后和上一步一样拉开词距。

MODERNARTMUSEUM

MODERN ART MUSEUM

第三步

下面把字符间距设置成 150，在宽大字距的条件下寻找最合适的词距。

MODERNARTMUSEUM

MODERN ART MUSEUM

练习 4

小写字母的词距

下面通过调整小写字母短文里的词距，来验证、体验一下实际的视觉效果。首先，请将下面这段文字输入电脑，不用加词距。将其设置为 Times New Roman Regular 的 32 pt、行距 34 pt、字偶间距设为“自动”。fi 的部分要用合字（参见第 108 页），用 option+shift+5 输入即可。

把光标插入黄色箭头所示位置，和练习 3 一样，改变词距的宽度。

0/1000 em

Packmyboxwith
fivedozenliquorjugs

100/1000 em

Pack my box with
five dozen liquor jugs

200/1000 em
五分空
（即窄空格，
thin space）

Pack my box with
five dozen liquor jugs

250/1000 em
四分空
（即中等空格，
middle space）

Pack my box with
five dozen liquor jugs

300/1000 em

Pack my box with
five dozen liquor jugs

333/1000 em
三分空
（即宽空格，
thick space）

Pack my box with
five dozen liquor jugs

400/1000 em

Pack my box with
five dozen liquor jugs

500/1000 em
二分空
（即半身空，en）

Pack my box with
five dozen liquor jugs

1000/1000 em
全身空，em

Pack my box with
five dozen liquor jugs

我们尝试了把词距从 0 开始一直加宽到全身。请实际阅读一下各段文字。我们发现空得太多会导致文章被断开，视线无法流畅扫读。

最后，使用同样的文字，请输入普通的空格作为词距，再自行比较看看。

小写字母的词距　更换字体后两端对齐

针对大小写混合的文章，如何把左对齐调整成两端对齐？

第一步

输入下面三行文字，设置字号为 18 pt、行距为 24 pt，字偶间距为“自动”，段落设置为左对齐。词距用普通的空格即可。选择罗马体中 x 字高较小和较大的字体，以及无衬线体中 x 字高较小和较大的字体，一共四种字体，并排起来看一下。

Centaur Regular（x 字高较小的罗马体）

For mercy has a human heart, pity a
human face, and love, the human form
divine, and peace, the human dress.

Times New Roman Regular（x 字高较大的罗马体）

For mercy has a human heart, pity a
human face, and love, the human form
divine, and peace, the human dress.

Futura Book（x 字高较小的无衬线体）

For mercy has a human heart, pity a
human face, and love, the human form
divine, and peace, the human dress.

Frutiger 55 Roman（x 字高较大的无衬线体）

For mercy has a human heart, pity a
human face, and love, the human form
divine, and peace, the human dress.

第二步

第二行最长，因此以其为基准进行两端对齐*。大写字母排版需要同时调整字距和词距，但是小写字母排版基本上只需调整词距。此处因为是练习调整词距，所以不采用拉文本框后再灌文的方法，而是手动操作对词距进行拉伸。For 与 Mercy 之间，以及逗号与后面单词的词距看起来偏大，请将其调整到与其他地方看起来一样宽的程度。请注意体会字体的不同引起的版面、词距的视觉效果的差异。

* 在实际的两端对齐排版操作中，也有将最长行的词距进行挤压的做法（参见第 56—57 页）。

For mercy has a human heart, pity a
human face, and love, the human form
divine, and peace, the human dress.

For mercy has a human heart, pity a
human face, and love, the human form
divine, and peace, the human dress.

For mercy has a human heart, pity a
human face, and love, the human form
divine, and peace, the human dress.

For mercy has a human heart, pity a
human face, and love, the human form
divine, and peace, the human dress.

练习 6

小写字母的行距

下面来体验一下，行距的改变会让大小写混合的版面效果发生什么样的变化。使用第 44 页的文字，行距从和字号一样的 18 pt* 开始逐渐拉大。与第 44 页一样，使用四种字体分别进行调整。

* 将行距设置成与字号一样的做法叫“行距密排”（solid）。

Centaur Regular
字号 18 pt
行距 18 pt

For mercy has a human heart, pity a human face, and love, the human form divine, and peace, the human dress.

行距 21 pt

For mercy has a human heart, pity a human face, and love, the human form divine, and peace, the human dress.

行距 24 pt

For mercy has a human heart, pity a human face, and love, the human form divine, and peace, the human dress.

行距 28 pt

For mercy has a human heart, pity a human face, and love, the human form divine, and peace, the human dress.

行距 32 pt

For mercy has a human heart, pity a human face, and love, the human form divine, and peace, the human dress.

为了节约篇幅，在此只展示 Centaur 和 Frutiger 两款字体的效果。Centaur 的 x 字高较小，行距 18 pt 也足够易读；而 Frutiger 的 x 字高较大，行距 18 pt 会显得过于拥挤而难以阅读。所以，不同字体下让人舒适阅读的行距不一样。

另外请注意，行距变化后，会导致词距的视觉效果也发生变化。

Frutiger 55 Roman
字号 18 pt
行距 18 pt

For mercy has a human heart, pity a human face, and love, the human form divine, and peace, the human dress.

行距 21 pt

For mercy has a human heart, pity a human face, and love, the human form divine, and peace, the human dress.

行距 24 pt

For mercy has a human heart, pity a human face, and love, the human form divine, and peace, the human dress.

行距 28 pt

For mercy has a human heart, pity a human face, and love, the human form divine, and peace, the human dress.

行距 32 pt

For mercy has a human heart, pity a human face, and love, the human form divine, and peace, the human dress.

练习 7

长篇文章的词距

下面我们来体验一下在长篇文章里，词距的增减会让易读性发生什么样的变化。从这部分开始我们只要看图就可以了。以下是将词距从 0 逐渐拉伸到全身空的效果，采用了 Adobe Garamond 与 Frutiger（下一页）进行比较。请大家用自己的眼睛实际阅读一下文章，检验一下多大的宽度才适合阅读。

Adobe Garamond
Pro Regular
字号 12 pt
行距 16 pt
词距 0

Typedesignisacreativeartreflectingtoday'stechnology andthefuture.Itisoneofthevisualexpressionsofour time.'Artbeginswheregeometryend',PaulStandard said.Thehandandthepersonalityoftheletteringartist makeageneralimpressiononthereader,andthisisthe importantdistinctionfromanordinarydesign.Youcan identifyagoodalphabetatoncewhetheritishistoricor modern,foreachisanindividualcreativedesign.

100 / 1000 em

这种程度的文章其实也能读下去。但由于词距相当窄小，第三行的引号与逗号之间的间距等处看起来反而太宽。

Type design is a creative art reflecting today's technology and the future. It is one of the visual expressions of our time. 'Art begins where geometry end', Paul Standard said. The hand and the personality of the lettering artist make a general impression on the reader, and this is the important distinction from an ordinary design. You can identify a good alphabet at once whether it is historic or modern, for each is an individual creative design.

200 / 1000 em
（窄空格）

Type design is a creative art reflecting today's technology and the future. It is one of the visual expressions of our time. 'Art begins where geometry end', Paul Standard said. The hand and the personality of the lettering artist make a general impression on the reader, and this is the important distinction from an ordinary design. You can identify a good alphabet at once whether it is historic or modern, for each is an individual creative design.

250/1000em
（中等空格）

Type design is a creative art reflecting today's technology and the future. It is one of the visual expressions of our time. 'Art begins where geometry end', Paul Standard said. The hand and the personality of the lettering artist make a general impression on the reader, and this is the important distinction from an ordinary design. You can identify a good alphabet at once whether it is historic or modern, for each is an individual creative design.

333/1000em
（宽空格）

Type design is a creative art reflecting today's technology and the future. It is one of the visual expressions of our time. 'Art begins where geometry end', Paul Standard said. The hand and the personality of the lettering artist make a general impression on the reader, and this is the important distinction from an ordinary design. You can identify a good alphabet at once whether it is historic or modern, for each is an individual creative design.

500/1000em
二分空
（即半身空，en）
大致从这个程度开始，文章就开始显得比较涣散了。

Type design is a creative art reflecting today's technology and the future. It is one of the visual expressions of our time. 'Art begins where geometry end', Paul Standard said. The hand and the personality of the lettering artist make a general impression on the reader, and this is the important distinction from an ordinary design. You can identify a good alphabet at once whether it is historic or modern, for each is an individual creative design.

1000/1000em
全身空，em

Type design is a creative art reflecting today's technology and the future. It is one of the visual expressions of our time. 'Art begins where geometry end', Paul Standard said. The hand and the personality of the lettering artist make a general impression on the reader, and this is the important distinction from an ordinary design. You can identify a good alphabet at once whether it is historic or modern, for each is an individual creative design.

同样的步骤，用 Frutiger 尝试一下就会发现，词距视觉效果的感受与前一页不同。

实际使用排版软件时，在左对齐的情况下，我们基本不会去调整词距；而两端对齐时，软件会对词距进行自动调整。在什么范围内、进行多大程度的调整都是可以设置的，因此自己心里要先有一个标准。

Frutiger 55
Roman
字号 12 pt
行距 16 pt
词距 0

Typedesignisacreativeartreflectingtoday'stechnology andthefuture.Itisoneofthevisualexpressionsofour time.'Artbeginswheregeometryend',PaulStandard said.Thehandandthepersonalityoftheletteringartist makeageneralimpressiononthereader,andthisisthe importantdistinctionfromanordinarydesign.Youcan identifyagoodalphabetatoncewhetheritishistoricor modern,foreachisanindividualcreativedesign.

100/1000 em

Type design is a creative art reflecting today's technology and the future. It is one of the visual expressions of our time. 'Art begins where geometry end', Paul Standard said. The hand and the personality of the lettering artist make a general impression on the reader, and this is the important distinction from an ordinary design. You can identify a good alphabet at once whether it is historic or modern, for each is an individual creative design.

200/1000 em
（窄空格）

Type design is a creative art reflecting today's technology and the future. It is one of the visual expressions of our time. 'Art begins where geometry end', Paul Standard said. The hand and the personality of the lettering artist make a general impression on the reader, and this is the important distinction from an ordinary design. You can identify a good alphabet at once whether it is historic or modern, for each is an individual creative design.

250/1000em
（中等空格）

Type design is a creative art reflecting today's technology and the future. It is one of the visual expressions of our time. 'Art begins where geometry end', Paul Standard said. The hand and the personality of the lettering artist make a general impression on the reader, and this is the important distinction from an ordinary design. You can identify a good alphabet at once whether it is historic or modern, for each is an individual creative design.

333/1000em
（宽空格）

Type design is a creative art reflecting today's technology and the future. It is one of the visual expressions of our time. 'Art begins where geometry end', Paul Standard said. The hand and the personality of the lettering artist make a general impression on the reader, and this is the important distinction from an ordinary design. You can identify a good alphabet at once whether it is historic or modern, for each is an individual creative design.

500/1000em
二分空，en

Type design is a creative art reflecting today's technology and the future. It is one of the visual expressions of our time. 'Art begins where geometry end', Paul Standard said. The hand and the personality of the lettering artist make a general impression on the reader, and this is the important distinction from an ordinary design. You can identify a good alphabet at once whether it is historic or modern, for each is an individual creative design.

1000/1000em 全身空，em

Type design is a creative art reflecting today's technology and the future. It is one of the visual expressions of our time. 'Art begins where geometry end', Paul Standard said. The hand and the personality of the lettering artist make a general impression on the reader, and this is the important distinction from an ordinary design. You can identify a good alphabet at once whether it is historic or modern, for each is an individual creative design.

长篇文章的行距

下面我们来体验一下长篇文章里行距的增减变化。同样采用第 48 页的文字，词距使用普通的空格，行距从密排（这里是 12 pt）开始逐渐拉大到 22 pt。请大家实际阅读文章来检验一下，多大的行距更易于阅读。这里同样使用 Adobe Garamond 和 Frutiger 进行比较。

Adobe Garamond Pro Regular
字号 12 pt
行距 12 pt

Type design is a creative art reflecting today's technology and the future. It is one of the visual expressions of our time. 'Art begins where geometry end', Paul Standard said. The hand and the personality of the lettering artist make a general impression on the reader, and this is the important distinction from an ordinary design. You can identify a good alphabet at once whether it is historic or modern, for each is an individual creative design.

行距 14 pt

Type design is a creative art reflecting today's technology and the future. It is one of the visual expressions of our time. 'Art begins where geometry end', Paul Standard said. The hand and the personality of the lettering artist make a general impression on the reader, and this is the important distinction from an ordinary design. You can identify a good alphabet at once whether it is historic or modern, for each is an individual creative design.

行距 16 pt

Type design is a creative art reflecting today's technology and the future. It is one of the visual expressions of our time. 'Art begins where geometry end', Paul Standard said. The hand and the personality of the lettering artist make a general impression on the reader, and this is the important distinction from an ordinary design. You can identify a good alphabet at once whether it is historic or modern, for each is an individual creative design.

行距 18 pt

Type design is a creative art reflecting today's technology and the future. It is one of the visual expressions of our time. 'Art begins where geometry end', Paul Standard said. The hand and the personality of the lettering artist make a general impression on the reader, and this is the important distinction from an ordinary design. You can identify a good alphabet at once whether it is historic or modern, for each is an individual creative design.

行距 22 pt

Type design is a creative art reflecting today's technology and the future. It is one of the visual expressions of our time. 'Art begins where geometry end', Paul Standard said. The hand and the personality of the lettering artist make a general impression on the reader, and this is the important distinction from an ordinary design. You can identify a good alphabet at once whether it is historic or modern, for each is an individual creative design.

如左页上方的排版效果，密排行距其实也可以读，但是有个别地方字母的升部和降部非常接近，显得有些局促。对于这款字体，把行距设定为 14 pt 到 16 pt 左右似乎会比较易读。

但是我们并不能简单地下结论说“Adobe Garamond 12 pt 最合适的行距是 16 pt”。版面效果与易读性，还会随行长、页边距的量发生变化。行长很长时，稍微宽松一些的行距可以让换行时的视线更容易移动而更易于阅读，行长较短则相反（参见第 115 页）。如果是海报里的长文排版，只要四周有足够的空间，像上图行距 22 pt 那样宽松的排版也是可以的。

说到底，版面效果都是相对而言的。我们要从行长、页边距、用途等各个方面考虑来决定每个场合最适合的行距。

下面把字体换成 Frutiger，从同样的字号开始，像前页那样逐渐把行距拉大。

Frutiger 55 Roman
字号 12 pt
行距 12 pt

Type design is a creative art reflecting today's technology and the future. It is one of the visual expressions of our time. 'Art begins where geometry end', Paul Standard said. The hand and the personality of the lettering artist make a general impression on the reader, and this is the important distinction from an ordinary design. You can identify a good alphabet at once whether it is historic or modern, for each is an individual creative design.

行距 14 pt

Type design is a creative art reflecting today's technology and the future. It is one of the visual expressions of our time. 'Art begins where geometry end', Paul Standard said. The hand and the personality of the lettering artist make a general impression on the reader, and this is the important distinction from an ordinary design. You can identify a good alphabet at once whether it is historic or modern, for each is an individual creative design.

行距 16 pt

Type design is a creative art reflecting today's technology and the future. It is one of the visual expressions of our time. 'Art begins where geometry end', Paul Standard said. The hand and the personality of the lettering artist make a general impression on the reader, and this is the important distinction from an ordinary design. You can identify a good alphabet at once whether it is historic or modern, for each is an individual creative design.

行距 18 pt

Type design is a creative art reflecting today's technology and the future. It is one of the visual expressions of our time. 'Art begins where geometry end', Paul Standard said. The hand and the personality of the lettering artist make a general impression on the reader, and this is the important distinction from an ordinary design. You can identify a good alphabet at once whether it is historic or modern, for each is an individual creative design.

行距 22 pt

Type design is a creative art reflecting today's technology and the future. It is one of the visual expressions of our time. 'Art begins where geometry end', Paul Standard said. The hand and the personality of the lettering artist make a general impression on the reader, and this is the important distinction from an ordinary design. You can identify a good alphabet at once whether it is historic or modern, for each is an individual creative design.

由于 Frutiger 的 x 字高比 Adobe Garamond 要大，行距密排时看起来很拥挤，给人非常局促的感觉。在此情况下，行距设定在 16 pt 到 18 pt 才会比较容易阅读。

无衬线体如果是用在短文或者像海报那样大字号的情况，把行距稍微拉大一些可能会更符合用途。

改变长篇文章的行宽以实现两端对齐

接下来，我们利用第 52 页最下方的文字，把左对齐的长篇文章改成两端对齐。在行尾参差部分的平均位置画一条线，确定要把哪些行的行宽拉大或压缩。不改变字距而只调整词距，还要顾及让同一行里的词距看起来均匀，直到最后调整为整齐的两端对齐。

然后，针对同样这段文字再改变一下行宽。在行宽 125 mm 的位置画一条线，排到这附近就换行，先做出左对齐。之后再对词距进行增减，使每行长度都对齐到画线的位置排成两端对齐。按照同样的步骤，把行宽设定为 60 mm 再尝试一遍。

如果想自己动手操作，请使用 Adobe Illustrator 或者 InDesign 手动调整排版。使用排版软件单纯地把文字灌到文本框里是起不到练习的作用的。

Type design is a creative art reflecting today's technology –
and the future. It is one of the visual expressions of our +
time. 'Art begins where geometry end', Paul Standard +
said. The hand and the personality of the lettering artist –
make a general impression on the reader, and this is the 0
important distinction from an ordinary design. You can –
identify a good alphabet at once whether it is historic or –
modern, for each is an individual creative design.

Type design is a creative art reflecting today's technology
and the future. It is one of the visual expressions of our
time. 'Art begins where geometry end', Paul Standard
said. The hand and the personality of the lettering artist
make a general impression on the reader, and this is the
important distinction from an ordinary design. You can
identify a good alphabet at once whether it is historic or
modern, for each is an individual creative design.

Type design is a creative art reflecting today's technology and the future. It is one of the visual expressions of our time. 'Art begins where geometry end', Paul Standard said. The hand and the personality of the lettering artist make a gen-eral impression on the reader, and this is the important distinction from an ordinary design. You can identify a good alphabet at once whether it is historic or modern, for each is an individual creative design.

\+ − − + −

125 mm

Type design is a creative art reflecting today's technology and the future. It is one of the visual expressions of our time. 'Art begins where geometry end', Paul Standard said. The hand and the personality of the lettering artist make a gen-eral impression on the reader, and this is the important distinction from an ordinary design. You can identify a good alphabet at once whether it is historic or modern, for each is an individual creative design.

Type design is a creative art reflecting today's technology and the future. It is one of the visual expressions of our time. 'Art begins where geometry end', Paul Standard said. The hand and the personality of the lettering artist make a general impression on the reader, and this is the important distinction from an ordinary design. You can iden-tify a good alphabet at once whether it is historic or modern, for each is an individual creative design.

0 + + − − − + + − + −

60 mm

Type design is a creative art reflecting today's technology and the future. It is one of the visual expressions of our time. 'Art begins where geometry end', Paul Standard said. The hand and the personality of the lettering artist make a general impression on the reader, and this is the important distinction from an ordinary design. You can iden-tify a good alphabet at once whether it is historic or modern, for each is an individual creative design.

第七行的词距看起来就略显稀疏

行宽越大，词距的数量就越多，因此就更容易调整。行宽越小则越难调整。虽然上图中只有一处使用了连字符，但实际上如果行宽较小，就需要用很多连字符把单词断开（第 96 页）。

准备与练习

大家觉得“西文排版的基础练习”怎么样？步入社会之后，日常工作中几乎没有机会做练习，实际操作中肯定也不会用那些极端的排版设定方法。但是在日常的工作中，大家往往对排版没有多大把握，操作起来各种犹豫不决，自己心里也没有一个标准，没有时间消化、解决这些问题，只顾着一味赶工作。

经常会有人找到我，说想把西文排版做得更好，让我推荐优秀的字体。如果真正想开始学一门手艺、一种运动，应该怎么做呢？想要开始学画画，就要准备画笔、颜料吧？要学打棒球，就要准备好手套、球棒，从反复空抡球棒、投接球练习开始。

要提高西文排版的水平，也是需要做好准备，然后通过训练去逐步提高。

首先，我推荐大家尽量多配备一些授权字体，就像画画时要准备多种颜色的颜料一样。不过，或许是不知如何选择，或者是囊中羞涩，大家会有各种各样的难处，这时就可以先从掌握自己电脑里的字体开始。

平时，您是否是从字体菜单里看到的东西里随便挑选的呢？那就请尝试着把字体菜单里所有的字体都打印出来一遍。如果觉得全部打印出来数量太多，那就挑一些适合自己工作的也行。比如平时常做包装设计，那就选适合标题字的字体；常做正文排版，就选普通的罗马体和意大利体；常用无衬线体，就可以选经常使用的无衬线体。打印的文本，如果是正文，则至少要十行左右的文字，而包装设计的话则是几个单词（若想确认排出来的效果，那也需要长文），字号也设置成实际常用的字号，然后一定要写上字体名称。纸张大小随意，不过如果能多张装订成活页小册子随手翻阅，就会更方便。不要觉得显示屏上看得到就不动手做，我还是推荐大家一定要打印出来。另外，如果有时间可以把不常用的字体添加进来，每次授权新买的字体随时进行增补，说不定就能派上用场。

这就是准备的第一步。制作一本适用于自己工作的字体册，就能记住这些字体的特征。

其次，就是要为优秀的文章排版而多加练习。

无非是做做练习，用什么样的西文文本都可以。反正不是拿到外面发表用的，随便将国外网站上的文章拿过来用也没有关系。

开始可以拿自己最常用的字体尝试。

如何决定合适的行距、行长？当然，出于字数、页数、版式的限制，现实中往往不如人意。不过，想要找到“最理想的感觉”，练习是必不可少的。

大家可以根据下述要求，尝试排一下准备好的文章。

一、左对齐灌文

二、字号的设置，正文用可以是 14pt 开始到 12pt、10pt 等等，脚注用 8pt、7pt 等等

三、大小写字母混合排版（标题则用全大写）

四、某些地方加上意大利体、四位阿拉伯数字、缩略语用小型大写字母（如果文章里没有意大利体、数字或者缩略语，那就随便加上一些外来语、年份）

文章排好之后，把字体名称、字号、行距的数值标在旁边。然后用同样字体的不同字号，同样字体的不同行距，分成各种类型打印出来。我们可以发现，即使是同样的字体，在不同字号、行距下，文章给人的印象会发生显著变化。

然后可以尝试换用不同的字体重复这一步骤。名称带有 Garamond 的字体有很多，不同厂商的产品会有不同氛围。同样也请尝试一下考虑了视觉字号（参见第 91 页）的字体、无衬线体。

字体厂商制作的手册、PDF 资料和相关书籍虽然也可以，但是最好结合自己的工作制作一下自己原创的排版样张，权当练习。制作过程本身也一定能学到很多东西。

无论是哪个领域都需要练习。除了多看看各种各样的西文印刷品、自己实际操作去发现其中的规律以外，没有其他近道。即使没有老师指点，可以拿同样的问题和前辈、同事们一起做一做，交换一下意见。在这样的反复过程中，我们一定能养成自己心目中“标准的基轴”。

自行制作的字体样张

上左：标题用，上右：包装用

下：长文排版样张

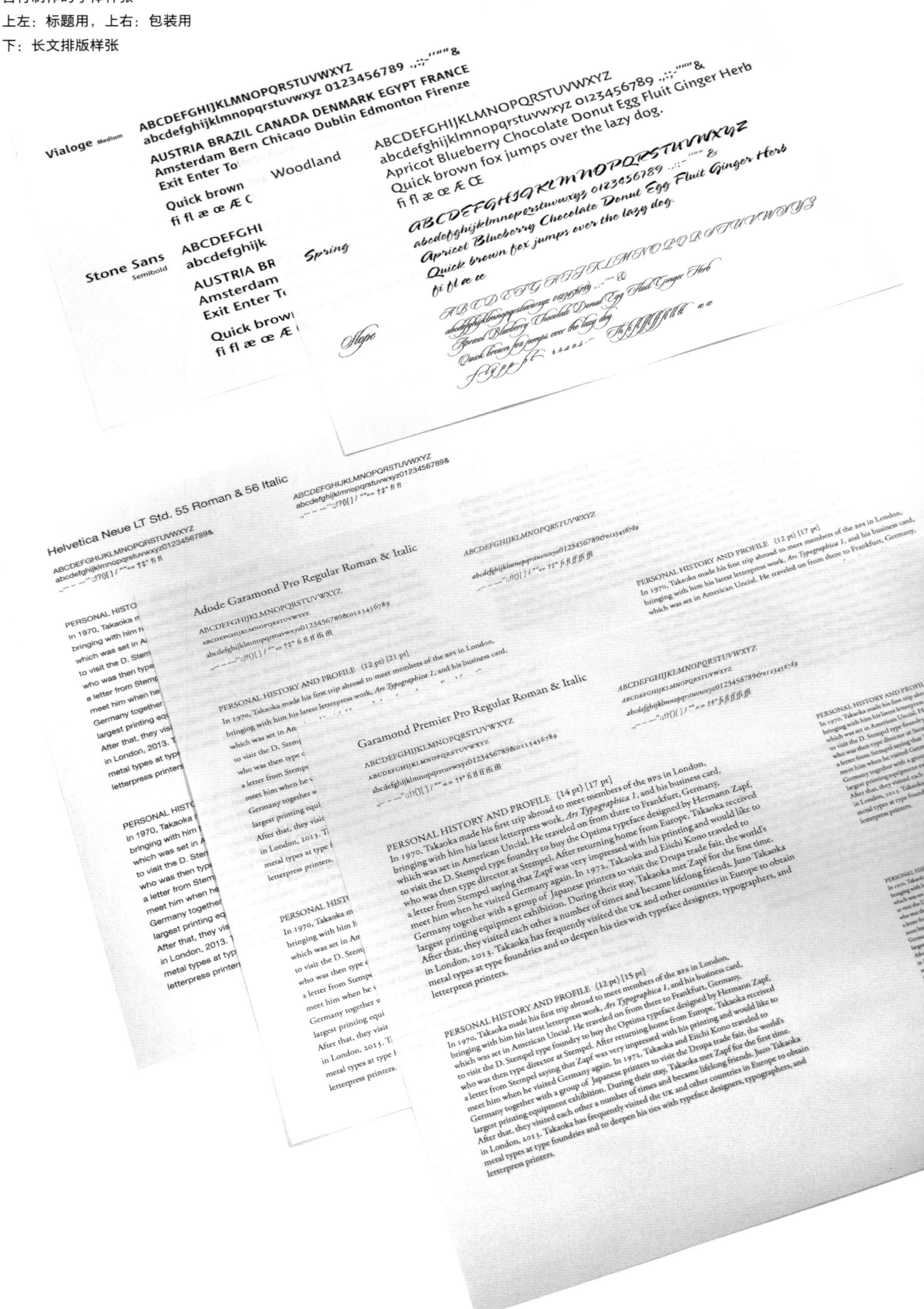

要好还要免费？

说到挑选字体，曾有人问过我这样的问题：

- 能告诉我一些优秀的免费字体吗？
- 如何区分免费字体的好坏？

我不可能看遍所有的免费字体，想必每天也都有新的免费字体不断出现，我也没有工夫针对这些上传的免费字体为大家认真作推荐，尽管其中也会有一些优秀的免费字体。

如果不是专业设计师，不想多花钱，只是自己做一点传单的话，轻松地用一些看似有趣的免费字体也行。不过，如果做的是收费的专业设计工作，我就不推荐使用免费字体了。当然，如果是大家通过自己的能力实际确认过是质量很高的字体，那也许可以用用看。

字母笔画、笔形是否漂亮，排出来字距是否有节奏，是否易读，是否备齐了所有需要的字母，这些鉴别要点肯定是有的。免费字体里似乎总有一些字距节奏不稳定、缺少带声调符号的字母，轮廓化转曲之后出问题的字体，还有一些是将现存字体稍微改造一下的山寨字体。给客户做的作品里一不小心用上这些字体，会引来大麻烦的。

如果对西文字体不太熟悉，又没有把握能在随意制作、鱼龙混杂的免费字体里挑选出优秀字体，那干脆还是不使用为妙。

首先，如果是专业设计师，那么授权费用也是一种投资，那就应该找正规字体厂商，或者从有名望字体设计师的作品里去挑选符合自己工作的字体。

顺便说一下，似乎有些人都不会使用设计、排版软件里预置字体以外的字体，还有些人会说“罗马体就用这款”“无衬线就只用这款字体”等等。

虽然我自己这家小小的活版印刷所里有三百多款西文字体，但我依旧会觉得根本不够用。这并不是说 Garamond、Helvetica 不好用，而是可能会有其他更多、更符合客户需求的字体。

想喝酒的时候进了酒吧，结果发现啤酒和威士忌就只有一个牌子，那该多扫兴啊。就算很少顾客会点，但只要是一家专业店铺，也应当要为能调配各种各样的鸡尾酒而备货。

要成为设计专家，那多备一点字体也是一项重要的投资。

ABCDEFG
abcdefg

我特地请专业字体设计师参考质量低劣的免费字体，制作了这款字形不统一、间距不合理的字体。单看单个字母的话，看似很整齐，但实际排成单词、句子之后，大家能看出不太流畅的地方吗？

NAGOYA to HAKATA

由于没有设置字偶间距，Y-A、A-T-A 间距拉得太大

Ant, Beetle, Cricket, Dragonfly, Earthworm, and Firefly.
Quick brown fox jumps over the lazy dog.

不仅间距不好、笔形不统一，笔画粗细度也不一致

左对齐、居中对齐的视觉修正

把若干行的单词或者标题进行左对齐时，大家是不是不经思考地交由电脑自动处理？特别是把文字轮廓化转曲处理后当作图形操作时，如果只按照字母最左端进行对齐，实际的效果看起来反而无法纵向对齐。在左图中，与 HUNGARY 相比，TURKEY、AUSTRIA 两个词看起来就有些向内凹，OMAN 也看起来有点内陷。为了看起来能笔直地对齐，这几个词需要向左拉出来一些。

在电脑上让文本直接左对齐，其实并无法让其进行精确的视觉调整，所以请务必用自己的眼睛仔细确认。这些思路不仅针对标题设计，而且对产品包装、导视设计也很有用。

居中对齐也是如此。如果是单纯从字母的一端到另一端进行测量再得出中心线，往往在视觉上看起来并非在正中央对齐。如左图，由于第一行 L 的右上和第二行 A 的左上方有一定的空间，所以看起来第一行偏左，第二行偏右，因此需要考虑像下图那样进行修正。只要掌握了这个基本思路，对手写体那样极端倾斜的字体也能应用自如（参见第 111 页）。

另外，在电脑上对文本进行中间对齐时，如果行尾留有空格，则空格也会被误算入行长再去求中心，这一点需要特别注意。

这些思路不仅针对标题设计，而且对产品包装、导视设计也很有用。

第三章

更为优秀的西文排版

高冈重藏用 Narrow Bembo Italic 排制的印刷品。首字母的位置上印着一个小小的字母 p，是为了稍后要在这里加进装饰性的首字母做的记号，被称作“指引字母”（guide letter）。这是手抄本时代的做法。而此处的首字母 P 由赫尔曼·察普夫（Hermann Zapf）先生亲笔绘制。

3–1 西文排版的关键点

从事西文排版的工作后，我就会特别留意国内外各式各样的西文排版。有时会因看到漂亮的排版而陶醉其中，有时也会大跌眼镜。

出于工作性质，总是会有人向我征询一些西文排版的感想和意见。而在交谈的过程中我逐渐发现，有一些是中日设计师特有的问题，我觉得可以在某种程度上总结出一些类型。虽然不一定能全部覆盖，但我还是尽量在此列举一些关键点。

在本章中，我首先会讲述一下主要的排版形式，然后从第 68 页开始，模拟出一些常见的有问题的排版。大家可以在翻下一页之前，自己先找找看。什么地方不对劲？问题出现在哪里？仔细地看，可以把觉得不对劲的地方标出来。

在之后的一页，我会指出问题点，再加以简单的说明。更详细的内容会分项目在第三章后半部分（3-2 优秀排版的必备知识）里进行讲解。

再之后的一页中，我会给出改善之后的排版范例，请与最初的一页认真地对比看一下。

在日常平面设计工作中，大家往往很少有机会接触到西文的长篇排版，而且可能更常用无衬线体。但是，文字排版的原点是罗马体的正文排版，因此我决定在一开始还是用罗马体来讲解。对于无衬线体短文排版，基本的思路都是一样的。

主要的排版形式

在这里，我们先来看看各种基本排版形式的特征，列举一下各种方式的优缺点。除去一些特殊的情况，西文排版的主要形式可以分为以下四类。

两端对齐

1. **两端对齐**

这是最基本排版形式。由于视线的折返位置固定，这种排版易于阅读，也更稳定，主要用于诸如文学作品等书籍的长篇文章排版。从灰度质地的美感、均一感来看，两端对齐虽然比不上左对齐，但如果多注意一些细节设置（使用连字断词），排版能变得相当易读。可是，如果只是在排版软件里单纯地往文本框里灌文，会造成各行的词距、字距不均的难看版面。行长越短越容易出现这个问题。在分栏排版中，比如分成左右并排的双栏，栏宽如果过窄会容易导致看似左右是连起来的，从而造成阅读困难（参见第 75 页）。

左对齐

2. **左对齐**

与古典的两端对齐相比，左对齐更有现代感。一般性的书籍、商品目录等经常使用这种对齐方式。只要词距、字距、行距得当，就可以做出质地均匀、美观而易读的版面。

另外，左对齐还有一个优点：在分左右的双栏排版中，由于行尾不齐，即使把栏间距压得很窄，看起来也不至于像两端对齐那样拥挤。

然而，当行尾遇到很长的单词、又没做连字断词时，各行的长度差异会很大，会导致行尾极度不整齐。这样会使视线的移动无法固定，有损易读性和美观性。有人说应该将行尾的凹凸设定在两个单词的范围之内，但这也会因单词的长短以及受其他因素影响而无法做到。大家不要因为害怕而避免用连字符，应该尽量避免行尾出现过度凹凸的情况（参见第 117 页）。

3. **右对齐**

右对齐的思路与左对齐相同。由于行首位置不固定，视线移动也无法稳定，易读性要比两端对齐、左对齐差一大截，不适合用于长篇文章排版。但如果是短文，作为内容的注释说明放在正文左侧，其行尾就能与正文的行首完美地对齐（第 89 页）。另外，右对齐还可用于海报通告中需要与版面右侧边缘对齐时，或者用在名片中的地址等各行信息相对独立的场景中。

右对齐

4. **居中对齐**

这种风格多用在像书籍的扉页这样相比起易读性更重视形式美的地方（参见第 153 页），还可用于邀请函、证书、图片的图注等处。

居中对齐

● 无论什么内容都用两端对齐，这也太奇怪了吧！

就我个人印象而言，日本人在排西文时多会用两端对齐。这几年我会去调查日本印刷博物馆举办的“世界最美的书”展览中所有展示作品的排版形式，并做一下统计。由于是书籍的展览，尽管没有海报、商品图录，但从以文字为中心的册子到写真集、少儿图书等，作品也是多种多样，从一定程度上可以了解到国外的一些排版样式的趋势。但令人感到不可思议的是，其实每年的比率大致相同，大致上都是六（左对齐）比四(两端对齐)。这与日本设计师做的西文排版多是两端对齐的情况大相径庭。

为什么日本人排西文多用两端对齐呢？我自己做了如下思考：

◎ 能划出四方形的栏位，灌文方便

◎ 日文排版的原则是两端对齐，设计师自己比较熟悉，因此按照日文排版习惯做

◎ 能与插图、照片的四边对齐，感觉更整齐

然而，最重要的一点可能是：

◎ 对如何做左对齐没有把握

当然，我这里并不是否定说不能用两端对齐。排版形式只要是依照明确的意图去挑选就可以。但事实上，当追问为什么这么做时，我往往无法得到明确的回答，似乎大家是在没有特别的理由的情况下就选择了两端对齐。希望大家能掌握各个形式的特征，根据实际工作内容去选择最合适的排版形式。

那么，从下一页开始我们就来看看两端对齐、左对齐的排版实例吧。

James. It was established in 1744, and occupied a large wooden building on the northwest corner of Front and Walnut Streets. It was patronized by Governor Thomas and many of his political followers, and its name frequently appeared in the news and advertising columns of the "PENNSYLVANIA GAZETTE".

THE SECOND LONDON COFFEE HOUSE

Probably the most celebrated coffee house in Penn's city was the one established by William Bradford, printer of the "PENNSYLVANIA JOURNAL". It was on the southwest corner of Second and Market Streets, and was named the London coffee house, the second house in Philadelphia to bear that title. The building had stood since 1702, when Charles Reed, later mayor of the city, put it up on land which he bought from Letitia Penn, daughter of William Penn, the founder. Bradford was the first to use the structure for coffee-house purposes, and he tells his reason for entering upon the business in his petition to the governor for a license: "Having been advised to keep a Coffee House for the benefit of merchants and traders, and as some people may at times be desirous to be furnished with other liquors besides coffee, your petitioner apprehends it is necessary to have the Governor's license." This would indicate that in that day coffee was drunk as a refreshment between meals, as were spirituous liquors for so many years before, and thereafter up to 1920.
Bradford's London coffee house seems to have been a joint-stock enterprise, for in his "JOURNAL" of April 11, 1754, appeared this notice : "Subscribers to a public coffee house are invited to meet at the Courthouse on Friday, the 19th instant, at 3 o'clock, to choose trustees agreeably to the plan of subscription."
The building was a three-story wooden structure, with an attic that some historians count as the fourth story. There was a wooden awning one-story high extending out to cover the sidewalk before the coffee house. The entrance was on Market(then known as High) Street.
The London coffee house was "the pulsating heart of excitement, enterprise, and patriotism" of the early city. The most active citizens congregated there--merchants, shipmasters, travelers from other colonies and countries, crown and provincial officers. The governor and persons of equal note went there at certain hours "to sip their coffee from the hissing urn, and some of those stately visitors had their own stalls." It had also the character of a mercantile exchange---carriages, horses, foodstuffs, and the like being sold there

30

A-1 两端对齐——这样的排版您觉得怎么样？

这是一份普通的用两端对齐做成的西文排版，也是书籍的排版实例，内容是关于咖啡馆的。设计师在实际工作中可能很少有机会去排书，但这是西文排版的基础，所以我们先从这里开始。请先检查一下有哪些地方不对劲。不要泛泛地看，请设想一下如果是自己来修改会怎么做。

（此图为原稿约 80% 的缩小版。第 80 页的图同。）

at auction. It is further related that the early slave-holding Philadelphians sold negro men, women, and children at vendue, exhibiting the slaves on a platform set up in the street before the coffee house.

The resort was the barometer of public sentiment. It was in the street before this house that a newspaper published in Barbados, bearing a stamp in accordance with the provisions of the stamp act, was publicly burned in 1765, amid the cheers of bystanders. It was here that Captain Wise of the brig Minerva, from Pool, England, who brought news of the repeal of the act, was enthusiastically greeted by the crowd in May 1766. Here, too, for several years the fishermen set up May poles.

Bradford gave up the coffee house when he joined the newly formed Revolutionary army as major, later becoming a colonel. When the British entered the city in September 1777, the officers resorted to the London coffee house, which was much frequented by Tory sympathizers. After the British had evacuated the city, Colonel Bradford resumed proprietorship ; but he found a change in the public' s attitude toward the old resort, and thereafter its fortunes began to decline, probably hastened by the keen competition offered by the City tavern, which had been opened a few years before.

Bradford gave up the lease in 1780, transferring the property to John Pemberton, who leased it to Gifford Dally. Pemberton was a Friend, and his scruples about gambling and other sins are well exhibited in the terms of the lease in which said Dally "covenants and agrees and promises that he will exert his endeavors as a Christian to preserve decency and order in said house, and to discourage the profanation of the sacred name of God Almighty by cursing, swearing, etc., and that the house on the first day of the week shall always be kept closed from public use." It is further covenanted that "under a penalty of £ 100 he will not allow or suffer any person to use, or play at, or divert themselves with cards, dice, backgammon, or any other unlawful game."

It would seem from the terms of the lease that what Pemberton thought were ungodly things, were countenanced in other coffee houses of the day. Perhaps the regulations were too strict; for a few years later the house had passed into the hands of John Stokes, who used it as dwelling and a store.

CITY TAVERN OR MERCHANTS COFFEE HOUSE

The last of the celebrated coffee houses in Philadelphia was built in

31

排版文件设置：用 Adobe InDesign 设定成两端对齐后直接灌文的效果。
语言保持原始设置的“中文：简体”。

James. It was established in 1744, and occupied a large wooden building on the northwest corner of Front and Walnut Streets. It was patronized by Governor Thomas and many of his political followers, and its name frequently appeared in the news and advertising columns of the "PENNSYLVANIA GAZETTE".

THE SECOND LONDON COFFEE HOUSE

Probably the most celebrated coffee house in Penn's city was the one established by William Bradford, printer of the "PENNSYLVANIA JOURNAL". It was on the southwest corner of Second and Market Streets, and was named the London coffee house, the second house in Philadelphia to bear that title. The building had stood since 1702, when Charles Reed, later mayor of the city, put it up on land which he bought from Letitia Penn, daughter of William Penn, the founder. Bradford was the first to use the structure for coffee-house purposes, and he tells his reason for entering upon the business in his petition to the governor for a license: "Having been advised to keep a Coffee House for the benefit of merchants and traders, and as some people may at times be desirous to be furnished with other liquors besides coffee, your petitioner apprehends it is necessary to have the Governor's license." This would indicate that in that day coffee was drunk as a refreshment between meals, as were spirituous liquors for so many years before, and thereafter up to 1920.

Bradford's London coffee house seems to have been a joint-stock enterprise, for in his "JOURNAL" of April 11, 1754, appeared this notice : "Subscribers to a public coffee house are invited to meet at the Courthouse on Friday, the 19th instant, at 3 o'clock, to choose trustees agreeably to the plan of subscription."

The building was a three-story wooden structure, with an attic that some historians count as the fourth story. There was a wooden awning one-story high extending out to cover the sidewalk before the coffee house. The entrance was on Market (then known as High) Street.

The London coffee house was "the pulsating heart of excitement, enterprise, and patriotism" of the early city. The most active citizens congregated there--merchants, shipmasters, travelers from other colonies and countries, crown and provincial officers. The governor and persons of equal note went there at certain hours "to sip their coffee from the hissing urn, and some of those stately visitors had their own stalls." It had also the character of a mercantile exchange---carriages, horses, foodstuffs, and the like being sold there

30

1 这里用的是等高数字，但用旧式数字会与小写字母更搭配（第 94 页）
2 此处应使用意大利体（第 88 页）
3 小标题的字体选择没有问题吗?（第 86 页）
4 小标题的位置在上下两段文字的正中央，高不成低不就（第 86 页）
5 应该使用 ff 合字（第 108 页）
6 不能用竖直的引号代替缩略号（第 106 页）
7 应该使用 fi 合字（第 108 页）
8 不能用垂直的引号代替真正的引号（第 106 页）
9 各行字距不一，影响阅读，易读性大打折扣
10 段首缩进距离不足（第 100 页）

at auction. It is further related that the early slave-holding Philadelphians sold negro men, women, and children at vendue, exhibiting the slaves on a platform set up in the street before the coffee house.

⑩ The resort was the barometer of public sentiment. It was in the street before this house that a newspaper published in Barbados, bearing a stamp in accordance with the provisions of the stamp act, was publicly burned in 1765, amid the cheers of bystanders. It was here that Captain Wise of the brig Minerva, from Pool, England, who brought news of the repeal of the act, was enthusiastically greeted by the crowd in May 1766. Here, too, for several years the fishermen set up May poles.

⑩ Bradford gave up the coffee house when he joined the newly formed Revolutionary army as major, later becoming a colonel. When the British entered the city in September 1777, the officers resorted to the London coffee house, which was much frequented by Tory sympathizers. After the British had evacuated the city, Colonel Bradford resumed proprietorship ; but he found a change in the public' s attitude toward the old resort, and thereafter its fortunes began to decline, probably hastened by the keen competition offered by the City tavern, which had been opened a few years before.

⑩ Bradford gave up the lease in 1780, transferring the property to John Pemberton, who leased it to Gifford Dally. Pemberton was a Friend, and his scruples about gambling and other sins are well exhibited in the terms of the lease in which said Dally "covenants and agrees and promises that he will exert his endeavors as a Christian to preserve decency and order in said house, and to discourage the profanation of the sacred name of God Almighty by cursing, swearing, etc., and that the house on the first day of the week shall always be kept closed from public use." It is further covenanted that "under a penalty of £ 100 he will not allow or suffer any person to use, or play at, or divert themselves with cards, dice, backgammon, or any other unlawful game."

⑩ It would seem from the terms of the lease that what Pemberton thought were ungodly things, were countenanced in other coffee houses of the day. Perhaps the regulations were too strict; for a few years later the house had passed into the hands of John Stokes, who used it as dwelling and a store.

CITY TAVERN OR MERCHANTS COFFEE HOUSE

The last of the celebrated coffee houses in Philadelphia was built in

31

⑨ ⑨ ⑯ ⑯ ⑰ ⑱ ⑲ ⑳ ㉑

⑪ 冒号不能放在行首（第 107 页）
⑫ 不到 100 的数字还是拼写出来比较好（第 94 页）
⑬ 括号之前需要一个词距的空格（第 107 页）
⑭ 本该用连接号的地方却打了两个连字符（第 107 页）
⑮ 应该使用 ffi 合字（第 108 页）
⑯ 段落最后一行应该避免剩下单独一个单词（第 99 页）
⑰ 分号前面不能有空（第 106 页）
⑱ 在中文环境里打西文，有时候在缩略号后面会出现奇怪的空白
⑲ £等货币符号后面通常不用加空格（第 95 页）
⑳ 应该避免在这么低的位置开始下一个标题、正文（第 99 页）
㉑ 这个页边距的量是否足够？（第 120 页）

coffee house was the resort run first by Widow James and later by her son, James James. It was established in 1744, and occupied a large wooden building on the northwest corner of Front and Walnut Streets. It was patronized by Governor Thomas and many of his political followers, and its name frequently appeared in the news and advertising columns of the *Pennsylvania Gazette*.

THE SECOND LONDON COFFEE HOUSE

Probably the most celebrated coffee house in Penn's city was the one established by William Bradford, printer of the *Pennsylvania Journal*. It was on the southwest corner of Second and Market Streets, and was named the London coffee house, the second house in Philadelphia to bear that title. The building had stood since 1702, when Charles Reed, later mayor of the city, put it up on land which he bought from Letitia Penn, daughter of William Penn, the founder. Bradford was the first to use the structure for coffee-house purposes, and he tells his reason for entering upon the business in his petition to the governor for a license: "Having been advised to keep a Coffee House for the benefit of merchants and traders, and as some people may at times be desirous to be furnished with other liquors besides coffee, your petitioner apprehends it is necessary to have the Governor's license." This would indicate that in that day coffee was drunk as a refreshment between meals, as were spirituous liquors for so many years before, and thereafter up to 1920.

Bradford's London coffee house seems to have been a joint-stock enterprise, for in his *Journal* of April 11, 1754, appeared this notice: "Subscribers to a public coffee house are invited to meet at the Courthouse on Friday, the nineteenth instant, at three o'clock, to choose trustees agreeably to the plan of subscription."

30

A-2 两端对齐——修改示例

这里根据上一页指出的问题点进行了修改。与 A-1 相比，感觉如何？我并没有对字体、字号进行改动，只是把行长改短了一些。

由于文章长度不同，同样的修改并不能适用于所有场合，但是排得太挤会显得过于局促而难以阅读，因此最好把页边距设置得富余一些，要努力让排版令人觉得舒适。

The building was a three-story wooden structure, with an attic that some historians count as the fourth story. There was a wooden awning one-story high extending out to cover the sidewalk before the coffee house. The entrance was on Market (then known as High) Street.

The London coffee house was "the pulsating heart of excitement, enterprise, and patriotism" of the early city. The most active citizens congregated there—merchants, shipmasters, travelers from other colonies and countries, crown and provincial officers. The governor and persons of equal note went there at certain hours "to sip their coffee from the hissing urn, and some of those stately visitors had their own stalls." It had also the character of a mercantile exchange—carriages, horses, foodstuffs, and the like being sold there at auction. It is further related that the early slave-holding Philadelphians sold negro men, women, and children at vendue, exhibiting the slaves on a platform set up in the street before the coffee house.

The resort was the barometer of public sentiment. It was in the street before this house that a newspaper published in Barbados, bearing a stamp in accordance with the provisions of the stamp act, was publicly burned in 1765, amid the cheers of bystanders. It was here that Captain Wise of the brig Minerva, from Pool, England, who brought news of the repeal of the act, was enthusiastically greeted by the crowd in May 1766. Here, too, for several years the fishermen set up May poles.

Bradford gave up the coffee house when he joined the newly formed Revolutionary army as major, later becoming a colonel. When the British entered the city in September 1777, the officers resorted to the London coffee house, which was much frequented by Tory sympathizers. After the British had evacuated the city, Colonel Bradford resumed proprietorship; but he found a change in the public's attitude toward the old resort, and thereafter its fortunes began

31

修改示例是基于“芝加哥手册”（参见第 124 页）进行排版的。第 78 页到 80 页的图同

这个排版并非满分，这只是我所考虑的优秀排版的一个例子。根据作者的意图、使用的字体的不同，这些方式也有行不通的时候，需要根据实际进行判断。

排版文件设置：用 Adobe InDesign 设置成两端对齐，语言设置为“英语：美国”，
排版方式选择“Adobe（西文）段落排版器”。
选中“视觉边距对齐方式”，其他细节进行了微调。

woods, but with veneers stained in different tints; and
landscapes, interiors, baskets of flowers, birds, trophies, emblems
of all kinds, and quaint fanciful conceits are pressed
into the service of marqueterie decoration. The most famous
artists in this decorative woodwork were Riesener, David
Roentgen(generally spoken of as David), Pasquier. Carlin, Leleu,
and others, whose names will be found in a list in the appendix.
During the preceding reign the Chinese lacquer ware then in
use was imported from the East, the fashion for collecting
which had grown ever since the Dutch had established a trade
with China : and subsequently as the demand arose
for smaller pieces of "*meubles de luxe*", collectors had these
articles taken to pieces, and the slabs of lacquer mounted in
panels to decorate the table, or cabinet, and to display the
lacquer. "*Ébenistés*", too, prepared such parts of woodwork as
were desired to be ornamented in this manner, and sent them to
China to be coated with lacquer, a process which was
then only known to the Chinese ; but this delay and expense
quickened the inventive genius of the European,
and it was found that a preparation of gum and other ingredients
applied again and again, and each time carefully rubbed
down, produced a surface which was almost as lustrous
and suitable for decoration as the original article. A
Dutchman named Huygens was the first successful inventor
of this preparation ; and, owing to the adroitness of his work,
and of those who followed him and improved his process,
one can only detect European lacquer from Chinese by trifling
details in the costumes and foliage of decoration, not
strictly Oriental in character.
About 1740-4 the Martin family had three manufactories of this
96

B-1 左对齐的单栏
——这样的排版您觉得怎么样？

这是一页普通的左对齐、单栏的西文排版。这是书籍排版的一例，内容是关于法国家具。请挑一下自己觉得不对劲的地方。

排版文件设置：用 Adobe InDesign 设置成左对齐后灌文的效果。
语言设置为“中文：简体”，排版方式选择“Adobe CJK 段落排版器”，
换行位置被特意改过。

THE EVILS OF INTERNATIONAL FINA-
NCE

No one who writes of the evils of international finance runs any risk of being "gravelled for lack of matter." The theme is one that has been copiously developed, in a variety of keys by all sorts and conditions of composers. Since Philip the Second of Spain published his views on "financiering and unhallowed practices with bills of exchange," and illustrated them by repudiating his debts, there has been a chorus of opinion singing the same tune with variations, and describing the financier as a bloodsucker who makes nothing, and consumes an inordinate amount of the good things that are made by other people.

It has already been shown that capital, saved by thrifty folk, is essential to industry as society is at present built and worked; and the financiers are the people who see to the management of these savings, their collection into the great reservoir of the money market, and their placing at the disposal of industry. It seems, therefore, that, though not immediately concerned with the making of anything, the financiers actually do work which is now necessary to the making of almost everything. Railway managers do not make anything that can be touched or seen, but the power to move things from the place where they are grown or made, to the place where they are eaten or otherwise consumed or enjoyed, is so important that industry could not be carried on on its present scale without them; and that is only another way of saying that, if it had not been for the railway managers, a large number of us who at present do our best to enjoy life, could never have been born. Financiers are, if possible, even more necessary, to the present structure of industry than railway men. If, then, there is this general prejudice against people who turn an all important wheel in the machinery of modern production, it must either be based on some popular delusion, or if there is any truth behind it, it must be due to the fact that the financiers do their work ill, or charge the community too much for it, or both.

Before we can examine this interesting problem on its merits, we have to get over one nasty puddle that lies at the beginning of it. Much of the prejudice against financiers is based on, or connected with, anti-Semitic feeling, that miserable relic of medieval barbarism. No candid examination of the views current about finance and financiers can shirk the fact that the common prejudice against Jews is at the back of them; and the absurdity of this prejudice is a very fair measure of the validity of other current notions on the subject of financiers. The Jews are, chiefly, and in general, what they have been made by the alleged Christianity of the so-called Christians among whom they have dwelt. An obvious example of their treatment in the good old days, is given by Antonio's behaviour to Shylock. Antonio, of whom another character in the MERCHANT OF VENIS says that–"A kinder gentleman treads not the earth," not only makes no attempt to deny that he has spat on the wicked Shylock, and called him cut-throat

125

C-1 两端对齐的双栏
——这样的排版您觉得怎么样？

这是一页普通的两端对齐、双栏的西文排版，内容是关于国际财经的。虽然是书籍排版，但也可以当作商品图册来思考。请挑出自己觉得不对劲的地方。

排版文件设置：用 Adobe InDesign 设置成两端对齐后灌文的效果。
语言设置为“中文：简体”，排版方式选择“Adobe（西文）单行排版器”。

woods, but with veneers stained in different tints; and
landscapes, interiors, baskets of flowers, birds, trophies, emblems
of all kinds, and quaint fanciful conceits are pressed
into the service of marqueterie decoration. The most famous
artists in this decorative woodwork were Riesener, David
Roentgen(generally spoken of as David), Pasquier. Carlin, Leleu,
and others, whose names will be found in a list in the appendix.
During the preceding reign the Chinese lacquer ware then in
use was imported from the East, the fashion for collecting
which had grown ever since the Dutch had established a trade
with China : and subsequently as the demand arose
for smaller pieces of *"meubles de luxe"*, collectors had these
articles taken to pieces, and the slabs of lacquer mounted in
panels to decorate the table, or cabinet, and to display the
lacquer. *"Ébenistés"*, too, prepared such parts of woodwork as
were desired to be ornamented in this manner, and sent them to
China to be coated with lacquer, a process which was
then only known to the Chinese ; but this delay and expense
quickened the inventive genius of the European,
and it was found that a preparation of gum and other ingredients
applied again and again, and each time carefully rubbed
down, produced a surface which was almost as lustrous
and suitable for decoration as the original article. A
Dutchman named Huygens was the first successful inventor
of this preparation ; and, owing to the adroitness of his work,
and of those who followed him and improved his process,
one can only detect European lacquer from Chinese by trifling
details in the costumes and foliage of decoration, not
strictly Oriental in character.
About 1740-4 the Martin family had three manufactories of this

96

❶ 要用 ff 合字（第 108 页）
❷ 要用 fl 合字（第 108 页）
❸ 这里的空隙相当于两个词距，其实一个词距足够了（第 106 页）
❹ 括号前面要加一个词距的空格（第 107 页）
❺ 段首缩进不足（第 100 页）
❻ 冒号前面不用加空格（第 106 页）
❼ 已经用意大利体表示强调，就不用再加双引号（第 88 页）
❽ 分号前面不用空格（第 106 页）
❾ A、I、He 等单词对行长的长度几乎没有影响，换到下一行会比较易读
❿ 要用 fi 合字（第 108 页）
⓫ 应该避免让段落从一页的最后一行开始（第 99 页）
⓬ 该用连接号的地方却用了连字符（第 107 页）
⓭ 页码距离正文太近
⓮ 行尾的参差差距太大（第 116 页）

THE EVILS OF INTERNATIONAL FINA-
NCE

No one who writes of the evils of international finance runs any risk of being "gravelled for lack of matter." The theme is one that has been copiously developed, in a variety of keys by all sorts and conditions of composers. Since Philip the Second of Spain published his views on "financiering and unhallowed practices with bills of exchange," and illustrated them by repudiating his debts, there has been a chorus of opinion singing the same tune with variations, and describing the financier as a bloodsucker who makes nothing, and consumes an inordinate amount of the good things that are made by other people.

It has already been shown that capital, saved by thrifty folk, is essential to industry as society is at present built and worked; and the financiers are the people who see to the management of these savings, their collection into the great reservoir of the money market, and their placing at the disposal of industry. It seems, therefore, that, though not immediately concerned with the making of anything, the financiers actually do work which is now necessary to the making of almost everything. Railway managers do not make anything that can be touched or seen, but the power to move things from the place where they are grown or made, to the place where they are eaten or otherwise consumed or enjoyed, is so important that industry could not be carried on on its present scale without them; and that is only another way of saying that, if it had not been for the railway managers, a large number of us who at present do our best to enjoy life, could never have been born. Financiers are, if possible, even more necessary, to the present structure of industry than railway men. If, then, there is this general prejudice against people who turn an all important wheel in the machinery of modern production, it must either be based on some popular delusion, or if there is any truth behind it, it must be due to the fact that the financiers do their work ill, or charge the community too much for it, or both.

Before we can examine this interesting problem on its merits, we have to get over one nasty puddle that lies at the beginning of it. Much of the prejudice against financiers is based on, or connected with, anti-Semitic feeling, that miserable relic of medieval barbarism. No candid examination of the views current about finance and financiers can shirk the fact that the common prejudice against Jews is at the back of them; and the absurdity of this prejudice is a very fair measure of the validity of other current notions on the subject of financiers. The Jews are, chiefly, and in general, what they have been made by the alleged Christianity of the so-called Christians among whom they have dwelt. An obvious example of their treatment in the good old days, is given by Antonio's behaviour to Shylock. Antonio, of whom another character in the MERCHANT OF VENIS says that–"A kinder gentleman treads not the earth," not only makes no attempt to deny that he has spat on the wicked Shylock, and called him cut-throat

125

① 标题不能用连字符断词（第 87 页）

② 各行词距的空隙差距过大，导致阅读不流畅，易读性大打折扣

③ 应该进行段首缩进（第 100 页）

④ 应该避免段落的最后一行只剩一个单词

⑤ 此处应使用意大利体（第 88 页）

⑥ 这里连接号的前后应该加入空格（第 107 页）

⑦ 双栏的栏距太小

landscapes, interiors, baskets of flowers, birds, trophies, emblems of all kinds, and quaint fanciful conceits are pressed into the service of marqueterie decoration. The most famous artists in this decorative woodwork were Riesener, David Roentgen (generally spoken of as David), Pasquier. Carlin, Leleu, and others, whose names will be found in a list in the appendix.

During the preceding reign the Chinese lacquer ware then in use was imported from the East, the fashion for collecting which had grown ever since the Dutch had established a trade with China: and subsequently as the demand arose for smaller pieces of *meubles de luxe*, collectors had these articles taken to pieces, and the slabs of lacquer mounted in panels to decorate the table, or cabinet, and to display the lacquer. *Ébenistés*, too, prepared such parts of woodwork as were desired to be ornamented in this manner, and sent them to China to be coated with lacquer, a process which was then only known to the Chinese; but this delay and expense quickened the inventive genius of the European, and it was found that a preparation of gum and other ingredients applied again and again, and each time carefully rubbed down, produced a surface which was almost as lustrous and suitable for decoration as the original article. A Dutchman named Huygens was the first successful inventor of this preparation; and, owing to the adroitness of his work, and of those who followed him and improved his process, one can only detect European lacquer from Chinese by trifling details in the costumes and foliage of decoration, not strictly Oriental in character.

About 1740–4 the Martin family had three manufactories of this peculiar and fashionable ware, which became known as Vernis-Martin, or Martins' Varnish; and it is singular that one of

96

B-2 左对齐的单栏——修改示例

这里在保持原有的字体和字号的基础上，根据第 76 页指出的问题点进行了修改。

排版文件设置：用 Adobe InDesign 设置为左对齐。语言设置为“英语：美国”，
排版方式选择“Adobe（西文）段落排版器”。
选中“视觉边距对齐方式”，其他细节进行了微调。

THE EVILS OF INTERNATIONAL FINANCE

No one who writes of the evils of international finance runs any risk of being "gravelled for lack of matter." The theme is one that has been copiously developed, in a variety of keys by all sorts and conditions of composers. Since Philip the Second of Spain published his views on "financiering and unhallowed practices with bills of exchange," and illustrated them by repudiating his debts, there has been a chorus of opinion singing the same tune with variations, and describing the financier as a bloodsucker who makes nothing, and consumes an inordinate amount of the good things that are made by other people.

It has already been shown that capital, saved by thrifty folk, is essential to industry as society is at present built and worked; and the financiers are the people who see to the management of these savings, their collection into the great reservoir of the money market, and their placing at the disposal of industry. It seems, therefore, that, though not immediately concerned with the making of anything, the financiers actually do work which is now necessary to the making of almost everything. Railway managers do not make anything that can be touched or seen, but the power to move things from the place where they are grown or made, to the place where they are eaten or otherwise consumed or enjoyed, is so important that industry could not be carried on on its present scale without them; and that is only another way of saying that, if it had not been for the railway managers, a large number of us who at present do our best to enjoy life, could never have been born. Financiers are, if possible, even more necessary, to the present structure of industry than railway men. If, then, there is this general prejudice against people who turn an all important wheel in the machinery of modern production, it must either be based on some popular delusion, or if there is any truth behind it, it must be due to the fact that the financiers do their work ill, or charge the community too much for it, or both.

Before we can examine this interesting problem on its merits, we have to get over one nasty puddle that lies at the beginning of it. Much of the prejudice against financiers is based on, or connected with, anti-Semitic feeling, that miserable relic of medieval barbarism. No candid examination of the views current about finance and financiers can shirk the fact that the common prejudice against Jews is at the back of them; and the absurdity of this prejudice is a very fair measure of the validity of other current notions on the subject of financiers. The Jews are, chiefly, and in general, what they have been made by the alleged Christianity of the so-called Christians among whom they have dwelt. An obvious example of their treatment in the good old days, is given by Antonio's behaviour to Shylock. Antonio, of whom another character in the *Merchant of Venice* says that – "A kinder gentleman treads not the earth," not only makes no attempt to deny that he has spat on the wicked Shylock, and called him cut-throat dog, but remarks that he is quite likely to do so again. Such was the behaviour towards

125

C-2 两端对齐的双栏——修改示例

这里根据第 77 页指出的问题点进行了修改。栏宽较小又要两端对齐时，各行的词距很难保持一致。此例的词距依旧还有不尽如人意的地方。请看下一页。

排版文件设置：用 Adobe InDesign 设置为两端对齐。语言设置为“英语：美国”，
排版方式选择“Adobe（西文）段落排版器”。
选中“视觉边距对齐方式”，其他细节进行了微调。

THE EVILS OF INTERNATIONAL FINANCE

No one who writes of the evils of international finance runs any risk of being "gravelled for lack of matter." The theme is one that has been copiously developed, in a variety of keys by all sorts and conditions of composers. Since Philip the Second of Spain published his views on "financiering and unhallowed practices with bills of exchange," and illustrated them by repudiating his debts, there has been a chorus of opinion singing the same tune with variations, and describing the financier as a bloodsucker who makes nothing, and consumes an inordinate amount of the good things that are made by other people.

It has already been shown that capital, saved by thrifty folk, is essential to industry as society is at present built and worked; and the financiers are the people who see to the management of these savings, their collection into the great reservoir of the money market, and their placing at the disposal of industry. It seems, therefore, that, though not immediately concerned with the making of anything, the financiers actually do work which is now necessary to the making of almost everything. Railway managers do not make anything that can be touched or seen, but the power to move things from the place where they are grown or made, to the place where they are eaten or otherwise consumed or enjoyed, is so important that industry could not be carried on on its present scale without them; and that is only another way of saying that, if it had not been for the railway managers, a large number of us who at present do our best to enjoy life, could never have been born. Financiers are, if possible, even more necessary, to the present structure of industry than railway men. If, then, there is this general prejudice against people who turn an all important wheel in the machinery of modern production, it must either be based on some popular delusion, or if there is any truth behind it, it must be due to the fact that the financiers do their work ill, or charge the community too much for it, or both.

Before we can examine this interesting problem on its merits, we have to get over one nasty puddle that lies at the beginning of it. Much of the prejudice against financiers is based on, or connected with, anti-Semitic feeling, that miserable relic of medieval barbarism. No candid examination of the views current about finance and financiers can shirk the fact that the common prejudice against Jews is at the back of them; and the absurdity of this prejudice is a very fair measure of the validity of other current notions on the subject of financiers. The Jews are, chiefly, and in general, what they have been made by the alleged Christianity of the so-called Christians among whom they have dwelt. An obvious example of their treatment in the good old days, is given by Antonio's behaviour to Shylock. Antonio, of whom another character in the *Merchant of Venice* says that – "A kinder gentleman treads not the earth," not only makes no attempt to deny that he has spat on the wicked Shylock, and called him cut-throat dog, but remarks that he is quite likely to do so again. Such was the behaviour towards

125

将 C-2 改为左对齐双栏

这里尝试着把上一页两端对齐的双栏修改为左对齐。词距的均匀度要比两端对齐好。日本的设计师多用两端对齐，但是如果词距稀疏不匀，导致整体灰度质地不均时，就应该考虑一下是否要改成左对齐。

排版文件设置：用 Adobe InDesign 设置为左对齐。语言设置为“英语：美国”，
排版方式选择“Adobe（西文）段落排版器”。
选中“视觉边距对齐方式”，其他细节进行了微调。

3–2 优秀排版的必备知识

在前面，我们一起看了一些不好的排版及其修改范例。

为了能说明更多问题，我举了这些极端的例子，但它们依旧不可能覆盖到西文排版的方方面面。

接下来，我会针对前面简单指出的内容进行具体的讲解。大家可以根据所指问题参照所在页码进行阅读。当然也有一些讲解内容并没在例子中出现。请先读一遍，然后重新看一遍自己以前做的东西或者其他人的西文排版，大家一定会有以往没有注意到的、各种各样的新发现。

要做出优秀的排版，单纯修改一些关键点是不能解决所有问题的。有一些东西是近似规则，但并非像法律那样会有惩罚，更不是方便的公式可以套用。实际工作中会有各种要素交织到一起，也有一些迫不得已的情况。但是，在理解的基础上迫不得已而为之，与完全无意识地乱做，这二者最终完成后的整体效果会有很大差异。

哪怕只是多注意一下这里列出的关键点，大家在排版时的意识应该也会发生很大变化。之后就是要通过积累经验，不断地加以运用，一步步地朝更优秀的西文排版迈进。

1 罗马体与无衬线体

Roman Sanserif

图 1

In the prints that William Morris created at the end of the last century, type and illustration imitated an historical style because they were conceived and carried out in the sprit of the nineteenth century. Sometimes the text contents matched the outer form and thus created a unity which, at that times, was a revolution-

Adobe Garamond

In the prints that William Morris created at the end of the last century, type and illustration imitated an historical style because they were conceived and carried out in the sprit of the nineteenth century. Sometimes the text contents matched the outer form and thus created a unity which, at that times, was a revolution-

Helvetica

罗马体在长篇文章里具有良好的易读性，是适合书籍印刷的字体。衬线能更好地诱导视线横向移动，笔画的强弱对比舒适，连续阅读也不易疲劳。直到现在，长篇文章选择用罗马体仍是最常见的做法。这与中文小说、故事等文学作品常使用与罗马体风格类似的宋体道理一样。

无衬线体原本是为了在海报等媒介中以提高易认性为目的而诞生的字体，并非以阅读长篇文章为前提而设计的。但是到现在，除了广告，在各种摄影集、烹饪书籍、建筑、时装等领域里，一定程度上长篇文章也会用无衬线体排版。

设计师在挑选字体时，是按照什么标准来决定用罗马体还是无衬线体呢？当然，首先肯定要根据文字内容挑选，但也许是因为图册、商品目录里中文使用黑体的情况越来越多，为了与之搭配，设计师也会把无衬线体运用到长篇文章中。如果问设计师为什么选择无衬线体，一般都无法得到明确的回答。说不定，他们可能就是凭感觉而选择了无衬线体而已。

图 2　不适合长篇文章排版的字体

Koch Antiqua

In the prints that William Morris crea
type and illustration imitated an historic
conceived and carried out in the sprit of

x 字高过小难以阅读

Didot

In the prints that William Morr
type and illustration imitated ar
conceived and carried out in th

横线太细容易导致眼睛疲劳

图 2 中的 Didot 是以大字号使用为前提而设计的一款数码字体。在金属活字时代，Didot 也曾被用于长篇文章的排版。

图 3

In the prints that William Morris created at the end
of the last century, type and illustration imitated
an historical style because they were conceived and
carried out in the sprit of the nineteenth century.
Sometimes the text contents matched the outer form
and thus created a unity which, at that times, was
a revolutionnary performance. But it should be re-

为了便于阅读，把图 1 的下图进行调整之后的效果。将行长压短、行距拉大，并调整“字符间距”的数值，把字距稍微拉伸了一些。同样的一款字体，通过调整排版方式能让阅读更流畅。

原则上，小写字母的间距不宜改动；但是为了便于阅读，根据具体使用的字体，有时也需要对字符间距进行微调。

比如公司领导在谈企业经营理念的时候，最重要的目的就是要把信息自然地传达给读者，如果字数多到一定程度，我觉得用罗马体会更合适。请比较阅读一下图 1 的两段文字，大家觉得哪一段更容易读？

当然，罗马体也有很多种，并非所有的罗马体都容易阅读，其中也有一些不适合长篇文章（图 2）。

如果要提高无衬线体的易读性，有一种方法就是，与相同字号的罗马体相比，把行长稍微压短一些，把行距拉大一些（图 3）。

无衬线体的易认性更高，所以更适合用于标题、导视系统这些地方。近年来也出现了一些能够用于长篇文字、具有优秀易读性的无衬线体。

Neue Frutiger

Myriad Pro

TheSans

Palatino Sans

Bernini Sans

近年出现的一些易读性较高的无衬线体

2 大写字母与小写字母

图 1

仅有大写字母的长篇文章排版

WE USE THE LETTERS OF OUR ALPHABET EVERY DAY WITH THE UTMOST EASE AND UNCONCERN, TAKING THEM ALMOST AS MUCH FOR GRANTED AS THE AIR WE BREATHE. WE DO NOT REALIZE THAT EACH OF THESE LETTERS IS AT OUR SERV-

大小写组合的长篇文章排版

We use the letters of our alphabet every day with the utmost ease and unconcern, taking them almost as much for granted as the air we breathe. We do not realize that each of these letters is at our service today only as the result of a long and

出版界会把大写字母称作 capital，通称为 cap，而把小写字母叫作“下盘字”(lower case)。全大写的排版称作 all cap，而首字母用大写、之后用小写字母排版的做法叫“大小写组合”(cap & low)* 或者叫“大小写混合”(mixed-case)。

* Cap & low 可缩写成 C&lc。另外，由于大写字母也被称作“上盘字”(upper case)，因此这个写法有时也作 U&lc（参见第 163 页专栏）。

对于需要阅读的长篇文章，采用大小写组合排版的方式比较适合。在大小写字母组合排版的文章里，由于首字母是大写字母，因此更容易判断出是句首、词首，而且 x 字高的上下留有空间，行距会显得更宽松，更容易阅读（图 1）。

仅有大写字母的排版，几乎所有的单词看起来都近乎长方形，虽然富有冲击力，但是易读性会很差。特别是对于长一点的单词，识别性会大幅度降低。这是因为在阅读单词时，我们并不是在辨认一个一个的字母，而是在辨识整个单词的轮廓（图 2）。所以排长篇文章最好避免仅用大写字母。

另外，在日本的西文排版里，我们经常能看到文章里突然用全大写书写人名、公司名或者书名、活动名称。更有甚者，还会再加上引号（参

图 2

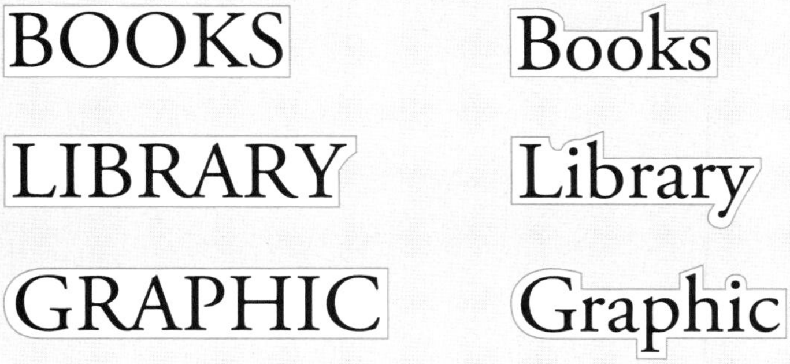

BOOKS　Books

LIBRARY　Library

GRAPHIC　Graphic

单词仅由大写字母组成，其外形会近似于长方形；而带小写字母的单词可以形成其各自固有的形状，让每个词更易于辨认。

图 3

THE ROMAN WORLD

见第 70 页的②）。莫非是想让大家知道这里很重要？但是欧美人士看到这里会觉得是在大喊大叫，而且是以很粗鲁的方式。本是想让文字更易懂，写成这样结果却让人觉得在“粗鲁地喊叫”，不可能获得好感。即使原稿如此，也请务必和客户解释清楚，“这么写可是会有失体面，影响形象”。遇到缩略语等必须使用大写字母的场合，也可以用其他方法，比如使用小型大写字母（参见第 92 页）或者干脆不用缩写，直接拼出全称。

反过来，仅用大写字母的排版，如果是在书籍扉页等若干个单词或者一两行，就很有冲击力，非常醒目。比如 Trajan 这款基于古罗马石碑的字体，就没有小写字母，在标题等处，用大字号、宽松排版就能极大地发挥字体本身的优点（图 3）。

所以大家要记住的是，仅有大写字母是“为了展示”的排版方式，而大小写组合是“为了阅读”的排版方式。

CAPITAL

Trajan

CAPITAL

Adobe Garamond

CAPITAL

对上图字距拉伸调整后的例子

Trajan 默认就是按照宽松的字距设置的。一般带有小写字母的字体，是以大写字母后面跟进小写字母为前提而制作的，因此仅用大写字母排出来就会显得很局促。这时，字距就需要拉大，排得宽松一些。

3 大标题与小标题

图 1

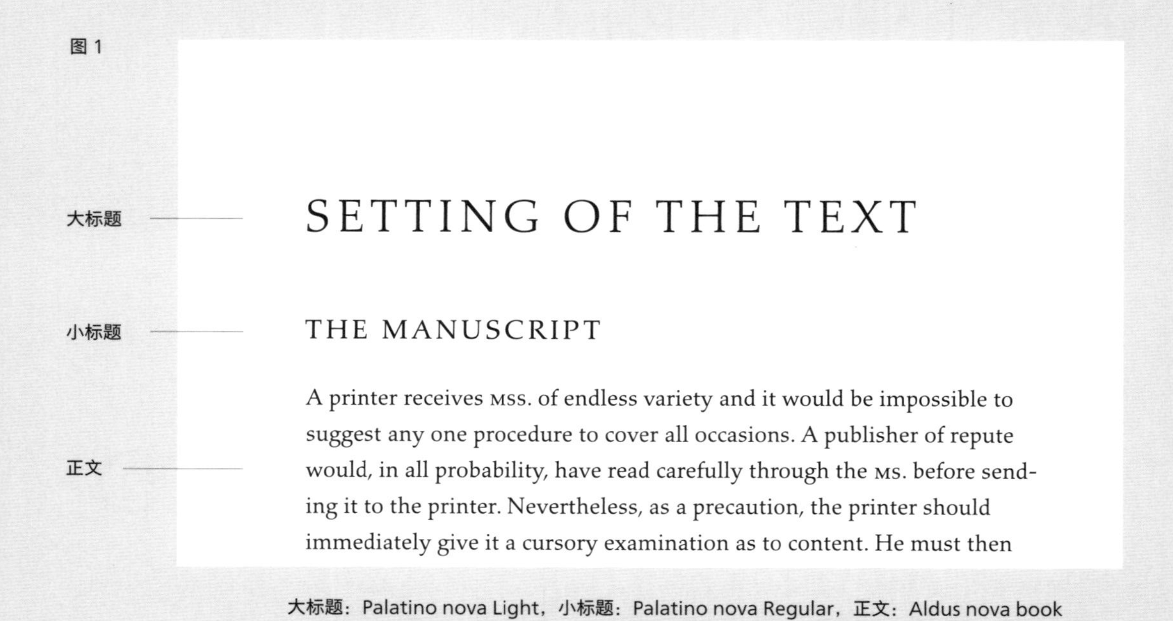

大标题：Palatino nova Light，小标题：Palatino nova Regular，正文：Aldus nova book
（Aldus nova 是与 Palatino nova 配套的、用于正文排版的同一家族的字体）

为了能简要地说明正文的内容，我们会给文章加标题。最基本的使用方法就是让大标题、小标题都使用与正文字体同一个家族的字体，这样比较保险。改变字号时，要让字号的区别足够明显。

如果单纯把正文字体加以放大，有些字体会显得过于笨重，因此如果能使用字体家族中 Display 或者 Light 这样的稍微细一点的字重，会给人一种简洁而有品位的感觉（图 1）。相比于大标题与小标题之间的距离，正文与小标题的距离要更近一些，这样才能让其看起来与正文融为一体。不要使用同为罗马体系列的不同字体，否则会给人一种莫名其妙的不协调感*。

Garamond
Baskerville

* 字体差别太小而效果不显著的搭配示例。

如果想让标题再稍微凸显一下，可使用同样一款字体的粗体、斜体、小型大写字母和窄体等等（图 2）。这里只是展示了小标题和正文的关系。

小标题下面的第一行是新的一段文字的开始，非常清楚明白，所以首行不用缩进（参见第 100 页）。

图 2

Type Designing for Tomorrow

As I think about type designing for tomorrow or l
and tomorrow, the new developements in design a
foremost in my thoughts. I do not like the express

Type Designing for Tomorrow

As I think about type designing for tomorrow or l
and tomorrow, the new developements in design a
foremost in my thoughts. I do not like the express

TYPE DESIGNING FOR TOMORROW

As I think about type designing for tomorrow or l
and tomorrow, the new developements in design a
foremost in my thoughts. I do not like the express

Type Designing for Tomorrow

As I think about type designing for tomorrow or
and tomorrow, the new developements in desig
foremost in my thoughts. I do not like the expres

图 3

PRINTING TYPES AND BOOKS

Even today, though 500 years have passed, we l
the 42-line Bible of Gutenberg or at the Latin Ps
Schöffer which we admire as the great masterpi

PRINTING TYPES AN

Even today, though 500 years have passed, we
the 42-line Bible of Gutenberg or at the Latin P
Schöffer which we admire as the great masterpi

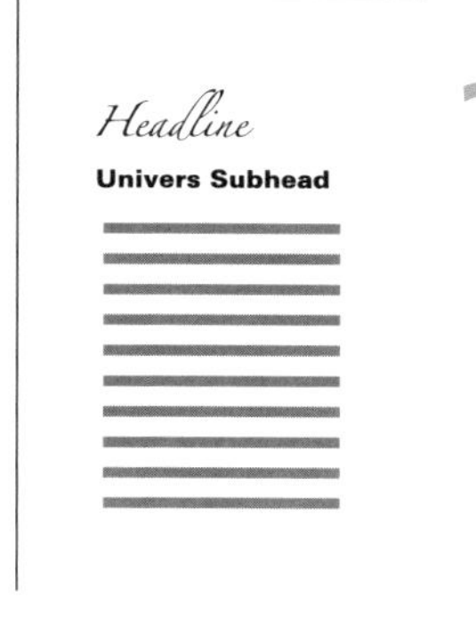

标题较长时，用大小写组合拼写会比只用大写字母或小型大写字母更容易阅读，效果也更好。

如果想再增加一些视觉冲击力，我们可以干脆不用正文排版的罗马体，而改用偏粗的无衬线体或者装饰性的字体来加大对比度（图 3）。

在使用完全不同类别的字体时，大标题和小标题如果距离太近，由于字体选择并无关联，看起来就像是拿手头现成的字体随便排出来的感觉。因此我们需要多注意并进行调整，比如拉开距离，或者干脆大胆地换一下字号等（右图）。

标题能放到一行里是最理想的，但是出于字数太多、行长太短等原因必须分两行时，必须避免让第二行只剩一个单词（或者几个短单词），也不能用连字符断词（参见第 119 页）。实在没有办法满足这些条件时，应该考虑修改文稿。特别是仅用大写字母的标题，应避免使用长篇叙述的写法，尽量改得简明扼要一些。

4 意大利体

Italic

I learnt first from Rudolf Koch's textbook *Das Schreiben als Kunstfertigkeit* and later from Edward Johnston's incomparable *Writing and Illuminating, and Lettering*, in the German translation by Anna Simons. These two invaluable books guided my practice with the broad pen.

文章中的用例：文献名用意大利体

Henri Matisse *The Dance*, 1910 Oil on canvas, 260 × 391 cm

图册中的用例：绘画作品名用意大利体

意大利体的作用是在文章排版中对罗马体进行辅助。不仅是书籍那样的长篇文章，像商品目录、图录里的短文里，意大利体也与罗马体一起搭配使用（上图）。

书籍排版中，意大利体的用法在习惯上都有体例规范*，一般来说有以下几种：

◎ 表示强调、希望留下深刻印象的语句

◎ 文献名（书籍、杂志、报纸的名称）

◎ 话剧歌剧、诗歌等的标题，艺术品、绘画的作品名等等（上图）

◎ 外文：比如在正文为英文的排版里出现的法文（当然也包含中文、日文）等外文单词时

◎ 数学符号和音乐记号

◎ 生物的学名

即使正文是无衬线体，这些用法也一样。

* 依照不同的排版体例，以及杂志社、报社、通讯社的不同需求而会略有差异。

表示强调

I *really* like it.

外文（左：法文“单点菜谱”，右：日文“中元节礼品”）

à la carte　　*ochugen*

The summer gift season is called *ochugen.*

数学公式的一部分

$$y = ax^2 + bx + c^2$$

一些音乐符号（左：中强，右：很弱）

mf　*pp*

生物的学名（大波斯菊的学名）

Cosmos bipinnatus

ELLIOT'S PHEASANT, *Syrmaticus ellioti*
(app. 80 cm - 31 in)

用于学名的意大利体

但是，无论是罗马体还是无衬线体，都不能单纯地把直立的正体字倾斜变形后当作意大利体去用。比如像 a 与 *a*、f 与 *f* 这样，有些字母的正体与意大利体会有字形上的差异，因此一定要用原配的意大利体。

而且，如果字体家族中没有原配的意大利体，也应该避免把直立的罗马正体用设计排版软件进行机械式的倾斜加工，而应该用单斜体（参见第 14 页）。

正文用罗马体的排版，标题、脚注、旁注等也可以使用意大利体。这样可以与正文形成适当的对比，让整体排版效果更和谐。

当然，与书籍排版距离较远的领域，比如在广告、包装中就不必太过于拘泥普通用法。比如意大利体可以用于体现速度感和气势，突出变化，或者要让文字紧凑一些的场合。

另外，还有模仿首字母把第一个字母换用意大利体、单独把 & 符号改成意大利体的 *&* 等各种别致的用法。

Dawson's 'Wharfedale' cylinder press of 1879. The paper was carried by the cylinder and rolled over the type, greatly increasing the power and precision of impression.

not indestru
not be pre
fortunately,
same time a:
the Milwau
(1844–1932
which work

在旁注中使用意大利体

Mr and Mrs Basil Spence
request the pleasure of the company of

at the marriage of their daughter
Gillian
to
Mr Anthony Blee
in the Chapel of the Cross, Coventry Cathedral
on Saturday, 7th February 1959 at 2.00 p.m.
and afterwards
at the Leofric

R.S.V.P. One Canonbury Place, London N.1

全部使用意大利体排版的邀请函

When the breeze is finished it is morning
Again. Wake up. It is time to start walking
Into the heavenly wilderness. This morning, stran
Come down to the road to feed us. They are afrai
have us come so far.

句号后面跟大写字母 T 会显得空隙太大

When the breeze is finished it is morning
Again. Wake up. It is time to start walking
Into the heavenly wilderness. This morning, stran
Come down to the road to feed us. They are afraic
have us come so far.

修改之后（第二行 W 往左稍微挤压了一些）

长篇的书籍排版不会调整得这么细致，但是对于像诗歌那样重视体裁形式的排版，就有必要进行调整。

nn nn

nn nn

意大利体的词距，一般要设定得要比罗马体更窄一些

意大利体有时也能单独排正文。意大利体本来就是从手写的字诞生而来，因此可以将其当作“富有手写感的字体”来使用。在邀请函、证书（参见第 152 页）中，以及想表达柔美情感的诗歌等场合和其他短文中，设计师都可以仅用意大利体进行排版。

排版上必须注意的是词距。在活版印刷的时代，空格都是由排版工依照自己的判断加入的。意大利体字母本身偏瘦长，如果加入和罗马体一样的空格，词距会显得过于宽大。实际上，当时在日本做的一些排版里，很多意大利体的词距都空得太宽而显得过于涣散。

现在，由于词距都是在电脑字体里预先设定好的，那些难看的排版就不太常见了。但是一些字体或者特殊的字符组合还是会出现过于宽松的间距（右上图）。如果要进行更高品质的排版，就需要设计师对词距一个一个地进行检查和调整。

实际大小与视觉字号

在我通常使用的活版印刷金属活字中，即使是同一款字体，不同字号下的设计也多少有些不同。在小字号中，比如 x 字高会设计得更高一些，这都是为了确保在小字号使用时的易读性。因此，我都不用太在意这些事情，只要按照所需的字号，从活字盘里拣字出来就行。

但是到了照排时代，同样的设计通过光学处理就可以得到不同的大小。设计师也只是和照排公司直接指定所需的字号而已。

现在是数码字体的时代。大多数的设计师都是自己拿一款字体自由地缩放。这一点我可是羡慕不已。我用的是金属活字，即使想要用非常理想的字号大小，如果手头偏偏没有那个字号的铅字，就不得不改用别的字号。

尽管近年的西文排版里都能自由设置字号大小，能使用理想的字体了，我却觉得不太对劲。也不是说字体选择得不对，而是会觉得比如说这款字体用在这个字号下就无法体现其优点，或者说如果是这个字号大小的话，应该会有其他的选择等等。也许正因为对文字自由地缩放已经成为日常，所以大家在挑选字体、排版的过程中都不会意识到字号的差异。我经常可以遇到这样的例子。

·什么是“视觉字号”?

初期的数码字体，出于电脑存储量的原因，无法制作具有大量的字形，或者依照使用字号进行设计的字体，这也是实情。而现在，能用于字体的容量大增。自然而然地，就有字体设计师开始觉得有必要按照使用的字号分别进行适当的字体设计并配置适当的字距。近年来，有字体设计师开始在同一款字体中针对不同使用字号而分别进行不同设计。这类字体就被称作“考虑到视觉字号的字体”。

虽然这类字体大多数是用于正文的罗马体，但最近也出现了现代体和无衬线体。在用途上，这类字体有书籍的标题、正文、注释用等区分，也有一些可以用在广告中。

适配字号的名称也各种各样，有的是根据适用字号的点数（如 Eighteen、Nine、Six）命名，有的则是根据使用用途（如标题 Display、副标题 Subhead、正文 Text、图注 Caption）命名等。而且我也听说，现在已经有新的技术在不断开发，能够根据使用字号去自动选择适配的视觉字号。

似乎数码字体过了这么多年才终于赶上了金属活字，我还真有点拍手称快的感觉。作为选择字体的一个新条件，视觉字号在今后应该会变得更为重要。

尽管如此，使用方法可以多种多样：可以不加区分地统一使用同样的字体，也可以将用于小字号的设计特意放大使用。大家可以进行各种各样的尝试。这更要求设计师对易读性有所感悟。而且，并非所有的字体都有视觉字号。在缺乏视觉字号的情况下，大字号要紧凑一些，小字号要拉伸一些，只要下功夫多做一些这样的字距调整，就可以弥补缺陷。

字体如此，字号也是一样，需要量体裁衣、各得其所。我衷心希望有更多的设计师能够切实地理解其中的差异，明确地加以区分使用。

Eighteen Roman
Nine Roman
Six Roman

Clifford 字体家族

Display　Subhead
Regular　Caption

Sanvito Pro 字体家族

5 小型大写字母

SMALL CAPS abc ABC

The pathways for the engagement of boys and men need to b
articulated within UNICEF programme priorities, as do those
cing UNICEF work on gender equality and children's rights in

正文中用于缩写词的小型大写字母

EVEN TODAY, though 500 years have passed, we l
with great respect at the 42-line Bible of Gutenb
at the Latin Psalter printed by Fust and Schöffer
we admire as the great masterpieces of the art of printing
we know very little about the ideas and reflections by wh

首字母后面的几个单词

AD 2009

公元 2009 年

360 BC

公元前 360 年

A.D.

B.C.

像这样，有些体例中还要加句点

ASEAN

缩略语

长篇文章的排版中的特定单词、缩略语如果使用大写字母排，会让该处显得特别突兀。在大小写组合的文章中，想要在不影响阅读流畅的前提下适当地突出部分内容，又或者想明确突出该词为缩略语时，我们就可以使用小型大写字母。

虽然并没有严密规定的使用方法，但是小型大写字母能融入长文，又不会过度影响阅读的视线，我希望大家能主动多用一些。它一般的使用方法是用于AD（Anno Domini 公元，放在年份数字之前）、BC（Before Christ 公元前，放在年份数字之后）等缩略语，还有国内外机关等首字母缩写等。它还可以用于书籍的标题、页眉、图版的图注、首字母后面最初的几个单词（上图以及第 104 页）等。

用在大段文字时，在有些字体、字号下，缩略语改用小型大写字母后会显得过小。这时可以考虑使用将大写字母改小，或者将小型大写字母稍微改大等方法。但是，调整这类字母大小时要注意控制，不要让读者看出其与正常大写字母之间有粗细差异。

COMMERCIAL LETTER-DESIGN

tter surface and pro-
ual form—though in
of the letter may be
l terms—so moving
is book (Fig. 225). In

design in Englan
Thereafter a numb
letters were produ
then elsewhere, for
heavy black letter,

书籍的页眉

Published in conjunction with an exhibition of photographs
from the Janos Scholz Collection of
Nineteenth-Century European Photographs at the
Snite Museum of Art, University of Notre Dame
8 September – 10 November 2002

UNIVERSITY OF NOTRE DAME PRESS
NOTRE DAME · INDIANA

扉页下方公司名称部分

JOHN E. MAYALL
A Great Light Shines through
a Small Window
c. 1862 albumen print

人名（大写字母与小型大写字母的组合）

45. SHEILA WATERS Fairfield, PA
Roundel of the Seasons, 1981
Steel nibs, watercolor brushes, black

人名（仅用小型大写字母）

此外，小型大写字母还可以用在副标题、广告语等短文中，与一般大小写字母组合方式相比，会显得更有格调。小型大写字母除了单纯排版，还可以与大写字母搭配使用，只要方法得当就可以创造出更多的排版可能性。每次看到出色使用小型大写字母的国外案例，比如商品目录里的短文、标识、产品包装、名片上的人名和公司名、建筑物上的招牌等，我就会有一种感觉：这一定是一位精通文字的设计师！

使用小型大写字母时，将字距拉大一些可以提升字母的美感，令人倍感优雅。

但是，要注意不能使用过度。在产品目录这些地方，如果所有的字行都用小型大写字母，不仅导致难以阅读，还会让雅致的氛围丧失殆尽。

葡萄酒标签上使用的小型大写字母。
下面的商品名称里也采用了小型
大写字母风格的设计

6 数 字

图 1 阿拉伯数字

旧式数字

0123456789

Charlemagne and the Englishma
735 and Abbot of the Monaster
om 796 to his death in 804) had
establish this minuscule. Alcuin's r
the revival of interest in the c

正文中使用的旧式数字

等高数字

0123456789

9.830	398	688
181.551	24.238	6.730
682.152	115.894	32.412

表格中使用的等高数字

图 2

Several years later his widow married Edward T. Searles,
a man twenty-two years her junior, and lived in New York.

拉丁字母中使用的数字，有阿拉伯数字*与罗马数字；阿拉伯数字中，又有旧式数字和等高数字两类（图 1）。

＊这种数字虽为印度人发明，但是由阿拉伯人传到欧洲的，因此被如此命名。

●阿拉伯数字

这两类阿拉伯数字不仅在造型上不同，字宽也有所区别。旧式数字的字宽不尽相同（比例宽），而等高数字的字宽相同（等宽）*。

＊近年来，也有些字体里配有等宽的旧式数字、比例宽的等高数字。另外，有些无衬线字体也配备了旧式数字。

旧式数字能更好地融入小写字母较多的文章，因此常用于书籍的排版。其他并非长篇文章的地方，如艺术展画册的解说、问候寒暄的文章里也经常使用旧式数字。

对业务报表、统计资料来说，数字具有非常重要的意义，在表格中除了要对齐文字的高度，还要对齐数字位数的位置，因此会使用等宽的等高数字。

在文章中出现数字时，我们要根据内容判断使用哪种数字。有时并不应该使用阿拉伯数字，而是需要将其用西文单词拼写出来。如果是文学性内容，最好是用单词拼写出来（图 2）。但如果拼写的位数过多也会

图 3　罗马数字

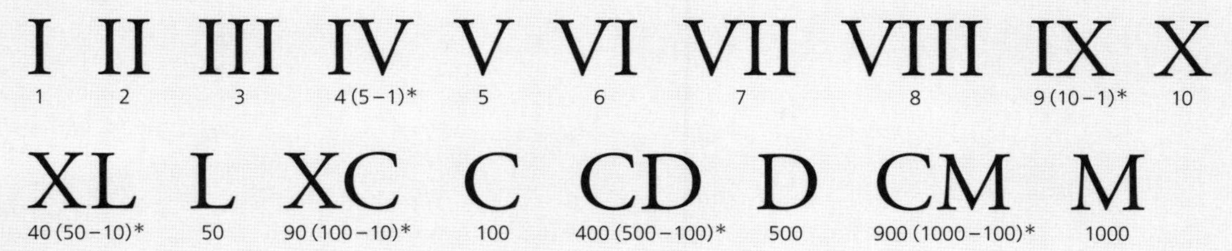

*4、9、40、90、400、900 采用减法方式（从右边的数里减去左边的数）

图 4

THE XXIX OLYMPIAD

第二十九届奥林匹克运动会

Queen Elizabeth II

伊丽莎白女王二世

太过繁杂，所以需要根据具体情况判断。一般来说，三位数以上的数字，如面积、容量等数值，以及公历年份都会使用阿拉伯数字（在报纸等场合，也有两位数以上都写成阿拉伯数字的）。

数字本身也算一个词，所以，如果其后跟有单位，一般情况下是要加空格的*。

36 point　500 ml
40%

* 诸如 cm、ml 这样缩略词的单位也是如此。但原则上数字与 %、℃、$、£ 等符号之间不加空格。

货币符号 € 是放在数字前面还是后面、是否要加空格，似乎还没有形成固定规范。但在同一份稿件里要统一。

● 罗马数字

这是一种用字母来表示数字的方法。在阿拉伯数字之前，西方一直用的是罗马数字（图 3）。但是到了现在，由于很难快速认读出数值，而且计算起来也不方便，罗马数字已不太常用。但在想表现传统、高格调时，即使是现在也会使用罗马数字。

例如不仅是在时钟表盘、国际会议、奥林匹克等活动的官方正式写法，以及一世、二世等的写法等情况，广告界在需要体现传统氛围以及体现高级感的商品时也会用到罗马数字。

希望大家能够了解各种数字不同的特征，并挑选符合用途的数字。

7 用连字符断词

图 1

在两端对齐中不用连字符断词的例子

The ignorance revealed by the poor quality of lettering on official buildings is particularly disturbing. In former days people in responsible positions had more taste and feeling for good proportions and letterforms. Consider, for example, buildings of the Roman Empire, or buildings of the baroque or colonial period.

?

适当进行断词的例子

The ignorance revealed by the poor quality of lettering on official buildings is particularly disturbing. In former days people in respon-
sible positions had more taste and feeling for good proportions and letterforms. Consider, for example, buildings of the Roman Empire, or buildings of the baroque or colonial period. One will find inscrip-

case-by-case
high-end

连字符也用于复合词中的单词连接。应该避免将这样原本就用连字符的单词断成两行。有些排版软件里还提供了“不间断连字符”的选项。

用连字符把单词分开的做法叫“连字”(hyphenation)，这个操作用在需要将行尾的单词断开的时候。在两端对齐时，为了让文本的质地更均匀，我们就需要对行尾的单词进行连字处理，让行尾对齐（图 1）。而在左对齐中，行尾过度参差不齐也会影响美观，而且从行尾转移到行首时视线不稳也会造成阅读困难，因此通常也要进行适当的连字处理（右页图 2，另参见第 116 页至 117 页）。

在日本，经常可以看见长篇文章里通篇不用连字断词的排版，这也许是因为设计师有些害怕断词吧。但就我的经验来说，除非原文稿件的单词特别凑巧，否则几十行下来都不需要连字处理简直是不可思议。两端对齐时，如果只是单纯把文字灌入文本框，各行的词距会有很大差别，或者会出现一些字距空得太多的地方，非常难以阅读。为了能做出均匀、易读的排版，必须进行连字处理，而不要有畏惧心理。

但是也有几点需要注意。连续几行都用连字符也不好看，因此尽量不要三行以上连续使用（参见右页图）。但是，像报纸、杂志那样行长较短的情况，或者单词的字母数较多的德文就没有办法了。

图 2

左对齐中不用连字符断词的例子

The ignorance revealed by the poor quality of lettering on official
buildings is particularly disturbing. In former days people in
responsible positions had more taste and feeling for good proportions and
letterforms. Consider, for example, buildings of the Roman Empire,
or buildings of the baroque or colonial period. One will find
inscriptions that are in real harmony with the proportions of the building
itself. Architects should be interested in the placement of the

?

适当进行断词的例子

The ignorance revealed by the poor quality of lettering on official
buildings is particularly disturbing. In former days people in respon-
sible positions had more taste and feeling for good proportions and
letterforms. Consider, for example, buildings of the Roman Empire,
or buildings of the baroque or colonial period. One will find in-
scriptions that are in real harmony with the proportions of the build-
ing itself. Architects should be interested in the placement of the

另外应该避免把专有名词、人名等用连字符断开（右下）。将一页的最后一行进行连字处理，导致一个单词跨页的做法也应该避免（参见第99页）。

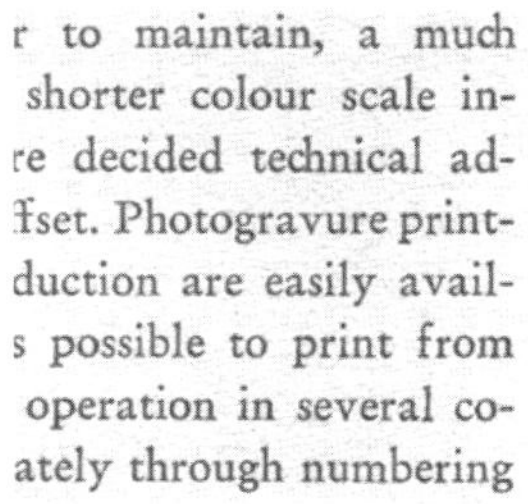

连字断词的位置依照不同单词而不同，并非能在任意地方随意断开。虽然基本原则是按音节（能整体念出来的一个发音单位）切分，但一定要查字典确认*，有时还需要与作者、客户确认。

在排版后的校对阶段，有修改时，原本行末进行了连字处理的单词有时会移到行内去。特别是手动加连字符的场合，需要注意不要让连字符照样保留下来。

r to maintain, a much
shorter colour scale in-
re decided technical ad-
fset. Photogravure print-
duction are easily avail-
s possible to print from
operation in several co-
ately through numbering

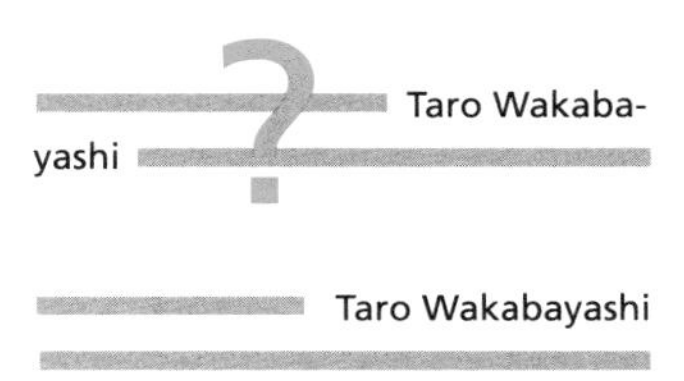

* 最近的排版软件中，只要开启自动连字处理，就能在一定程度上自动识别可以断词的位置。但是，有些单词根据不同含义、语源，即便同样的拼写也会有不同的断词位置，因此一定要认真确认。

8 蜥蜴、川流与孤字孤行

图 1

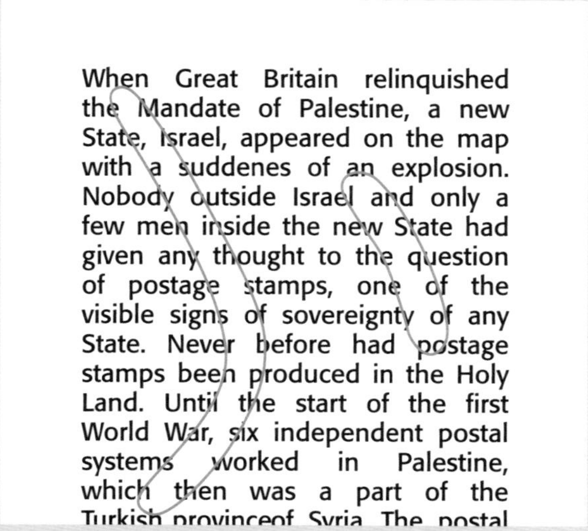

When Great Britain relinquished the Mandate of Palestine, a new State, Israel, appeared on the map with a suddenes of an explosion. Nobody outside Israel and only a few men inside the new State had given any thought to the question of postage stamps, one of the visible signs of sovereignty of any State. Never before had postage stamps been produced in the Holy Land. Until the start of the first World War, six independent postal systems worked in Palestine, which then was a part of the Turkish provinceof Syria. The postal

出现“蜥蜴”（也称“川流”）的排版

图 2

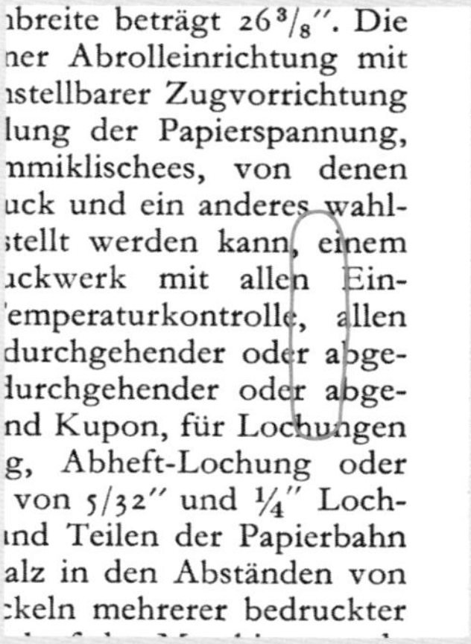

ıbreite beträgt 26 3/8″. Die
ıer Abrolleinrichtung mit
ıstellbarer Zugvorrichtung
lung der Papierspannung,
ımiklischees, von denen
ıck und ein anderes wahl-
stellt werden kann, einem
ıckwerk mit allen Ein-
'emperaturkontrolle, allen
durchgehender oder abge-
durchgehender oder abge-
ıd Kupon, für Lochungen
g, Abheft-Lochung oder
von 5/32″ und ¼″ Loch-
ınd Teilen der Papierbahn
alz in den Abständen von
ckeln mehrerer bedruckter

出现“街道”的排版

为了做出更优秀的版面，有一些事项是排版者必须，或者要尽力避免的。

阅读西文时，如果单词与空白比例均衡，读起来就非常舒适。但是如果词距、行距的比例失调，就会阻碍视线移动，造成阅读困难。

像图 1 那样，连续数行的词距空白在视觉上会纵向连接，像是蜥蜴爬过的痕迹，或者是河流从中穿过，因此被称作“蜥蜴”（lizard）或者“川流”（river）。另外，行头、行尾连续出现同样的单词，或者单词的长度几乎相同，也会出现纵向的空白，这被称作“街道”（street）。

要避免这些现象产生，就要从前面几行开始调整词距或者连字断词的位置。如果实在调不过来，可以与作者商量能否更改单词，修改文稿。由于这种现象多见于行长较短的两端对齐排版，这时就可能需要重新考虑一下，两端对齐到底是不是最合适的排版样式。

还有其他需要避免的现象，比如 1. 奇数页面的段落最后一行被撑到其后的偶数页面最上面，形成单独一行（孤行）；2. 同样地，偶数页面上段落最后一行被撑到奇数页面最上面，形成单独一行（孤行）；3. 段落的

图 3

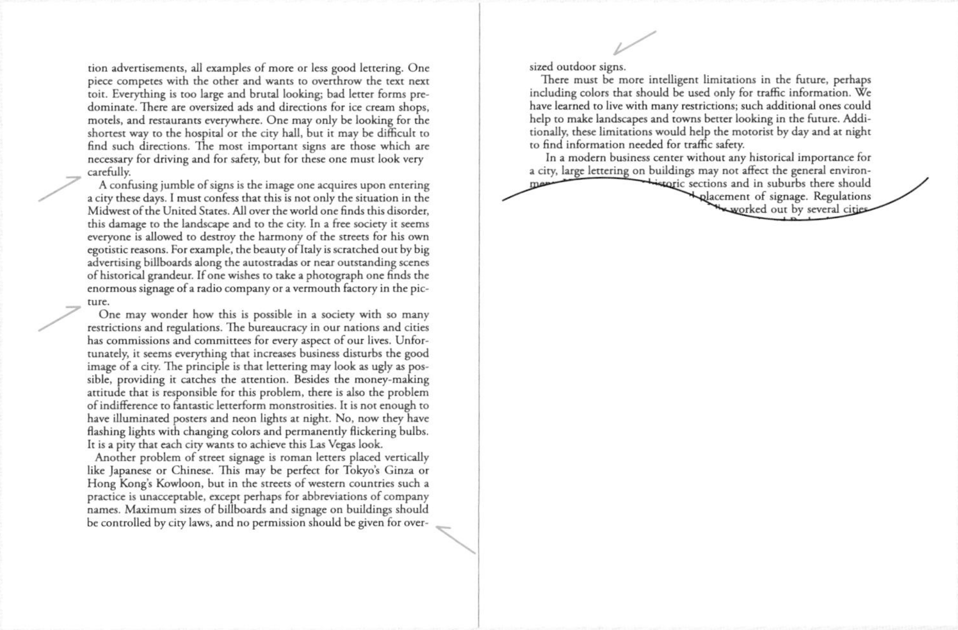

tion advertisements, all examples of more or less good lettering. One piece competes with the other and wants to overthrow the text next toit. Everything is too large and brutal looking; bad letter forms predominate. There are oversized ads and directions for ice cream shops, motels, and restaurants everywhere. One may only be looking for the shortest way to the hospital or the city hall, but it may be difficult to find such directions. The most important signs are those which are necessary for driving and for safety, but for these one must look very carefully.

A confusing jumble of signs is the image one acquires upon entering a city these days. I must confess that this is not only the situation in the Midwest of the United States. All over the world one finds this disorder, this damage to the landscape and to the city. In a free society it seems everyone is allowed to destroy the harmony of the streets for his own egotistic reasons. For example, the beauty of Italy is scratched out by big advertising billboards along the autostradas or near outstanding scenes of historical grandeur. If one wishes to take a photograph one finds the enormous signage of a radio company or a vermouth factory in the picture.

One may wonder how this is possible in a society with so many restrictions and regulations. The bureaucracy in our nations and cities has commissions and committees for every aspect of our lives. Unfortunately, it seems everything that increases business disturbs the good image of a city. The principle is that lettering may look as ugly as possible, providing it catches the attention. Besides the money-making attitude that is responsible for this problem, there is also the problem of indifference to fantastic letterform monstrosities. It is not enough to have illuminated posters and neon lights at night. No, now they have flashing lights with changing colors and permanently flickering bulbs. It is a pity that each city wants to achieve this Las Vegas look.

Another problem of street signage is roman letters placed vertically like Japanese or Chinese. This may be perfect for Tokyo's Ginza or Hong Kong's Kowloon, but in the streets of western countries such a practice is unacceptable, except perhaps for abbreviations of company names. Maximum sizes of billboards and signage on buildings should be controlled by city laws, and no permission should be given for oversized outdoor signs.

There must be more intelligent limitations in the future, perhaps including colors that should be used only for traffic information. We have learned to live with many restrictions; such additional ones could help to make landscapes and towns better looking in the future. Additionally, these limitations would help the motorist by day and at night to find information needed for traffic safety.

In a modern business center without any historical importance for a city, large lettering on buildings may not affect the general environment. ... historic sections and in suburbs there should ... placement of signage. Regulations ... worked out by several cities

最后一行只剩下一个很短的单词（孤字），或者剩下连字处理后断开的后半截，或者只剩几个很短的单词等，这些会被冠上“孤”“寡”这些称呼（图 3）*。

第 1 种情况下，读者必须翻页才能读完最后一行，与第 2 种情况一样，最好能让段落在当页结束。在排版时应该对其进行调整，从前面几行开始挤压（挤到前面的行内）或者推出（多增加几行）。第 3 种情况也不太好看，特别是如果后面一行缩进很大，就会造成大面积空白（参见第 102 页）。最好还是加以挤进或者推出，最后一行的长度能有行长的三分之一以上是最理想的。

我也曾遇到过无论怎么调整总是还会留下这些毛病的情况。但这些毛病是属于知道不好却出于无奈留下的，还是属于根本没有意识到也毫不在意、在好多页面上都留下的，二者的排版会有明显的品质差异。这是排版者的意识问题。

* 对于这些现象，“牛津手册”“芝加哥手册”或者在其他文献里都有各种各样不同的称呼和定义，比如用 widow（寡妇）、orphan（孤儿）这样的词，或者用 club line（棍行）这样的叫法以引起注意。

9 段首缩进

段首缩进的文章

communication tool for the easiest transmission of information. Lettering in this connection means every letterform used in outdoor advertising and in signage on buildings or roads.
  Besides printed characters in books and newspapers, one meets letterforms of many kinds during daytime and at night, on roads and in the cities. Lettering on a building is mostly for advertising or instruction. Lettering on highways is for information and must be picked up quickly without false interpretation. The role of let-

communication tool for the easiest transmission of information. Lettering in this connection means every letterform used in outdoor advertising and in signage on buildings or roads.
  Besides printed characters in books and newspapers, one meets letterforms of many kinds during daytime and at night, on roads and in the cities. Lettering on a building is mostly for advertising or instruction. Lettering on highways is for information and must be picked up quickly without false interpretation. The role of lettering is a wide field for study and action that most city planners

行距发生变化后，段首缩进给读者的印象也会不同

communication tool for the easiest transmission of information. Lettering in this connection means every letterform used in outdoor advertising and in signage on buildings or roads.
  Besides printed characters in books and newspapers, one meets letterforms of many kinds during daytime and at night, on roads and in the cities. Lettering on a building is mostly for advertising

在一行的开头加入空格，明确展示出这是一个新段落的做法叫段首缩进。

第一段的第一行不要缩进。无论是否有标题，开头第一行就是文章的开始，这是显而易见的，没有必要缩进。

经常有人问究竟要缩进多少才好，是否有什么规定。在一些书里的确会提出一定程度的参考量和数值，但是每本书里提到的数值不太一样。有些书里会写，最常见的参考值是把所用字号的 em 作为缩进长度。比如 9 pt 的字就缩进 9 pt，12 pt 的字就缩进 12 pt。这看起来似乎很合情合理，但如上图所示，在不同行距下，同样的缩进量会给人不同的印象，所以还是不能拘泥于某个固定数值或者标准。

在不同行长下，缩进也会有不同效果。同样地，不同的书也会提供各种各样的数值，但其实根据字体或者与版面的关系，效果会完全不一样，因此不能简单地生搬硬套（见上图）。虽然不能用具体的数值或者基准表达出来，但我认为最合适的段首缩进，应该是“能明显看出段落已

communication tool for the easiest transmission of information. Lettering in this connection means every letterform used in outdoor advertising and in signage on buildings or roads.

Besides printed characters in books and newspapers, one meets letterforms of many kinds during daytime and at night, on roads and in the cities. Lettering on a building is mostly for advertising or instruction. Lettering on highways is for information and must be picked up quickly without false interpretation. The role of lettering is a wide field for study and action that most city planners and sociologists have missed for years.

Consider a typical midwestern town in the United States. Look to both sides of the street and try to pick up the information one really wants to find. One sees a wild jungle of traffic signs, of commercial advertisements, posters, signage on large columns, and gas station advertisements, all examples of more or less good lettering. One piece competes with the other and wants to overthrow the text next toit.

行长较大时，需要多缩进一些

in this connection means every letterform used in outdoor advertising and in signage on buildings or roads.

Besides printed characters in books and newspapers, one meets letterforms of many kinds during daytime and at night, on roads and in the cities. Lettering on a building is mostly for advertising or instruction. Lettering on highways is for information and must be picked up quickly without false interpretation. The role of lettering is a wide field for study and action

行长较小时，需要少缩进一些

发生改变的一个最小长度值”，应该避免缩进过多而让段首变得过于显眼的做法（参见第 102 页）。

根据字体、排法等排版形式，以及文字内容是现代还是传统，具体的判断也会发生变化。总之，我们只能根据整体情况或者内容进行考虑，并不断尝试后才能判断。请用自己的双眼，去寻找判断适合实际状况的段首缩进长度。

右图照片：段落符号

这是手抄本时代在段落的开始使用的符号，用红色标注。像右图那样，用在一句话的开头。进入活字印刷时代之后，这部分会先被空出来，以便之后绘制段落符号，据说这就成为段首缩进的起源。直到现在，还有一些人会把为段落符号而空出的距离作为段首缩进的判断依据。

is for information and must be picked up quickly without false interpretation. The role of lettering is a wide field for study and action that most city planners and sociologists have missed for years.

Consider a typical midwestern town in the United States. Look to both sides of the street and try to pick up the information one really wants to find. One sees a wild jungle of traffic signs, of commercial advertisements, posters, signage on good let-

段首缩进太多导致产生空隙时，就需要从前面几行开始调整才能回避

on highways is for information and must be picked up quickly without false interpretation. The role of lettering is a wide field for study and action that most city planners and sociologists have missed for years.

Consider a typical midwestern town in the United States. Look to both sides of the street and try to pick up the information one really wants to find. One sees a wild jungle of traffic signs, of commercial advertisements, posters, signage on good let-

段首缩进设置不当，比如有时会导致“无法明显看出段落是否发生变化”的情况（参见第 70 页的⑩），或者反过来缩进太大的情况。前面一段最后剩下很短的单词时，会出现很大的空隙，因此需要进行调整，增加前段最后一行的单词数量（见上图）。

不过，的确有些实例即使段首缩进得很多，依旧能显出高雅的品位，因此并不能一口咬定说缩进做得大一些就不好。但是，要提升段首缩进的效果，前提是要将其他地方的西文排版细节也做扎实。

不顾整体，随意而漫无目的地单纯为了吸引眼球而把缩进做得过大，只会让整个排版显得过于肤浅。

10 空 行

communication tool for the easiest transmission of information. Lettering in this connection means every letterform used in outdoor advertising and in signage on buildings or roads.

Besides printed characters in books and newspapers, one meets letterforms of many kinds during daytime and at night, on roads and in the cities. Lettering on a building is mostly for advertising or instruction. Lettering on highways is for information and must

空一行

communication tool for the easiest transmission of information. Lettering in this connection means every letterform used in outdoor advertising and in signage on buildings or roads.

Besides printed characters in books and newspapers, one meets letterforms of many kinds during daytime and at night, on roads and in the cities. Lettering on a building is mostly for advertising or instruction. Lettering on highways is for information and must

空行后稍微挤压

communication tool for the easiest transmission of information. Lettering in this connection means every letterform used in outdoor advertising and in signage on buildings or roads.

Besides printed characters in books and newspapers, one meets letterforms of many kinds during daytime and at night, on roads and in the cities. Lettering on a building is mostly for advertising or instruction. Lettering on highways is for information and must

空一行＋段首缩进

段首缩进是为了显示一个新段落的开始。除此之外，根据文章的不同展开方式，换行后空出一整行的方法也是可以采用的。具体来说，比如按两次回车键以空出一行，这样可以比段首缩进更为明确地显示出文章内容的变化。如果希望能放进更多的文字，使用段首缩进会比较合适；而如果是像不同文字配有插图、照片的解说文章、商品图录等情况，空行能让图文关系更加明确，效果会更好。

但是，单纯按两次回车，有时候会显得空得太大。这时就不能硬插入一整行，而要考虑把间距再稍微挤压掉一些*。

我们有时也能看到空行与段首缩进的组合。空行就已经能让读者明确知道是一个新的段落，因此我不推荐把空行之后的第一个段首也进行缩进。当然，第一个行首以外的地方，根据文章内容的变化需要产生新的段落再进行缩进，那就没问题。

＊书籍排版中如果对空行进行挤压，可能会导致页面设计的版心和天头地脚的余白发生变化，或者导致左右两页的字行发生不规则的错位。如果考虑到这一点，也可以空一整行或者恰好半行。

11 首字母

图 1

ENGLISH travelers and writers of the sixteenth and seventeent
were quite as enterprising as their Continental contemporarie
about the coffee bean and the coffee drink. The first printed refe
fee in English, however, appears as chaoua in a note by a Dutchman, Pa
Linschoten's Travels, the title of an English translation from the Latin of
published in Holland in 1595 or 1596, the English edition appearing in
1598. A reproduction made from a photograph of the original work, with
black-letter German text and the Paludanus notation in roman, is shown

首字母：Garamond Pro Premier Display，正文：Garamond Pro Premier Regular

ENGLISH travelers and writ
were quite as enterprising as
about the coffee bean and the
fee in English, however, appears as cl

首字母和正文的基线没对齐的例子

在《圣经》等手抄本中常出现如同花朵般漂亮绽放的首字母，这在后来的活字印刷初创期也被广泛使用。为了提醒读者这是新的一章的开始，制作者特地在文章开头留出宽大的空间，将最初的字母放大，或配以装饰性的图案（参见第 128 页）。

首字母的基本使用方法是，将其上端与正文的第一行对齐，下端与正文的基线对齐（图 1）。一般来说，与首字母搭配的正文最好要占三行以上。

习惯上，包括首字母在内的正文第一个单词要用大写字母排版。如果遇到代词 I 或者不定冠词 A 这样首字母本身就是一个单词的文章，那么第二个单词也要用大写字母排（图 2）。如果不用大写字母，改用小型大写字母也可以。虽然在广告、杂志中，有时会在首字母后面直接跟小写字母（左图），但在一般内容的书籍里还是应该用大写字母。有的书还会把两个以上的单词甚至第一行整行全部用小型大写字母排版（图 3、图 4）。至于要把多少个词排成大写或者小型大写字母，则需要根据文章的具体内容、作者的用意而加以变化。

December is a month to mak
enjoy the very best that foo
to offer. Thanks to my love
falls to me to decide what t
I always make sure that I choose wir
will notice, enjoy and hopefully rem

图 2

I HAVE invented a method of teaching the ballet that elimi
and tedious training formerly considered necessary, and
for a stage appearance in the briefest possible length of
method is a perfect success is evidenced in the best theatres
have taken amateurs who never did a ballet step in their lives

图 3

DEVISING A HISTORICAL framework is easy. You only have to omit those historical facts that would not fit in it. It will be necessary to leave out the vast majority of facts anyhow, so why not help history a little? History is the art of impressing people by putting care-

前三个单词都用小型大写字母排版的例子

图 4

THOMAS WILLIAM FAULKNER, TO WHOSE efforts was due a further reduction of one hour in 1794, was undoubtedly one of the most capable men in the Trade Society during the last decade of the eighteenth century. He was the son of a bookbinder. His father Thomas Faulkner (son of John

整行都用小型大写字母排版的例子

图 5

SOUS SON GILET orange de s
de la communication du groupe, a
ethnies de Guinée. Des couleurs vive
un peu de couleur locale pour faire p
bureau à l'entrée de l'usine, face à
photographie de ses enfants restés e

图 6

Medizin war der Tee zuerst, Geträn
Im achten Jahrhundert zog er
galanten Spielereien in das Reich
fünfzehnten Jahrhundert erhob ih
des Ästhetizismus, zum Teeismus.
gegründet auf die Verehrung des
schmutzigen Tatsachen des Alltag
und Harmonie, das Geheimnis de

如果所用的字体家族中有用于标题的字体，那么首字母就应该使用标题字体。

有时候还有像右图的做法，首字母后面的正文依照首字母的形状紧靠上去。

除了这些传统的下沉式，首字母还可以有很多不同的风格形式。如图 5、图 6 那样，可以把首字母上推，或者突出挂到左侧，能给人更现代的感觉。将首字母与插图、装饰搭配起来，加以鲜艳的色彩吸引眼球的做法，在广告、杂志中也能达到很好的效果。

现代的首字母用法和创意都是可以自由发挥的，大家可以采用装饰性的字体多加尝试。但是，即使首字母的效果很别致，也需要确认这样的做法到底是否有意义，要注意过犹不及。

A ROMANTIC tale has been w
Austria. When Vienna was
legend, Franz George Ko
preter in the Turkish army, saved t
coffee as his principal reward.

12 标点符号

逗号 nnn, nn

分号 nnn; nn

冒号 nnn: nn

句号 nnn. nn

问号 nnn? nn

感叹号 nnn! nn

‘nnn’ “nnn”

左为单引号，右为双引号。

‘nnn “nnn” nn’

“nnn ‘nnn’ nn”

当引用中又有引用时，牛津手册（上）与芝加哥手册（下）的做法。

isn't ✕ isn’t ✓

左侧竖直的引号是打字机时代用来代替正规的引号的，也被称作“傻瓜引号”(dumb quotes)。

为了能让文章内容顺畅、易于理解，西文排版中会使用各种各样的标点符号。

●各种点号

一般来说，文章里的停顿（中断）依照逗号＜分号＜冒号＜句号的顺序，依次变强。

如左图，这些标点与其前面的字母之间无空格密排，但标点后面要加空。在句号后面加大块空格的做法偶尔会出现，那已经是过去的习惯，现在只要按一次空格键就足够了。在法文中，分号、冒号的前面也要加空格。

●问号、感叹号

这两个符号和前面的字母无空格密排。而法文则要在符号前加空格。在西班牙文里，句子开始和末尾都要加，句首符号要倒置。

法文的问号、感叹号 nnn ? nnn !

西班牙文的问号、感叹号 ¿nnn? ¡nnn!

●引号、缩略号

引号用于在文章中引用他人的语言，有单引号、双引号两种，在不同排版手册（参见第 124 页）里会有不同用法。德文和法文里还会用其他不同的符号。

德文的引号（两种） »nnn« „nnn“

法文的引号（方向不同，且内部还要加空格） « nnn »

缩略号用于所有格、省略的情况，与单引号的后半边是一样的。直到现在还经常能看到错用成竖直的引号（straight quotes）的情况，一定要改用正确的引号形式。键盘上的输入方法如下。

单引号	前 option + [	后 option + shift + [
双引号	前 option +]	后 option + shift +]

●括号、连字符

圆括号（小括号）内侧要密排，外侧与单词一样加空格（右图）。如果后括号的后面跟有逗号等符号，则不用加空格。

连字符的前后，原则上应密排，但有时候会对间距进行微调。

括号与连字符在纵向上的位置，默认是在大小写组合排版文章里的视觉中央，因此在纯大写或者纯等高数字排版时，看起来就会觉得下沉，所以可以微调抬高一些。但是在大小写组合排版的长篇文章里，还是不加调整、保持原样比较好。

・逗号、句号、分号、冒号、问号、感叹号、连字符和后括号不能排在行首。

nn (nnn) nn

nn (nnn), nn

nnn-nnn

(NN) → (NN)

22-33 → 22-33

Adobe Garamond Regular	- – —
Didot LT Roman	- – —
Perpetua Regular	- – —

＊连字符、连接号的长度、粗细，会随字体的不同而不一。从左至右分别为连字符、半身连接号、全身连接号。

●连接号

连接号有半身连接号（en dash）和全身连接号（em dash）两种。半身连接号容易和连字符混淆，要多加注意*。键盘输入方式如下。

半身连接号　option + [-]

全身连接号　option + shift + [-]

半身连接号用于表示年月等时期、时间，还有从某地到某地等场合*，这时不需要在前后加空格。半身连接号还用于文章中的停顿，这时则要在前后加空格*。

1957–1965

9:00 a.m.–3:30 p.m.

Paris–London 巴黎—伦敦

＊在日本常可以看到在西文排版里不用直线连接号而用波浪号（～）的做法，但这在西文里并不常见。

And – I don't really know.

And—I don't really know.

＊也可以用全身连接号，用全身连接号则不用加空格。

●分隔号（斜杠）

分隔号用于表达“A 或 B”这样两个并列的事物，在正文里原则上前后不加空格。

nnn/nnn

◆间距的微调

问号、感叹号前面，或者括号内部，还有分隔符、连字符、连接号等处的密排，根据不同字母组合，有时会显得拥挤局促，可以增加一些细微的空间进行微调。

staff? → staff ?

00-11 → 00 - 11

Tokyo–Osaka → Tokyo – Osaka

food/habits → food / habits

(highland) → (highland)

13 合 字

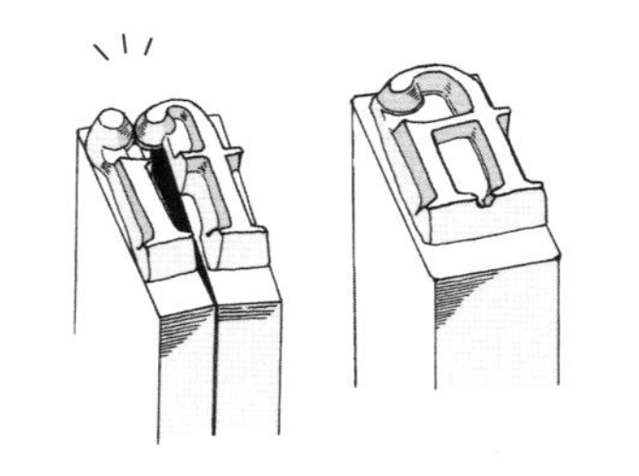

＊金属活字里，f 和 i 的点会碰到一起产生空隙甚至会被折断，因此需要做成 fi 合字。

将两个以上的字母合为一个字形叫合字（ligature）。

fi、fl、ff、ffi、ffl 称为 f 合字，特别常用。字母 f 与 i 的点相邻，以及字母 f 与 f、l 相邻时，为避免以难看的外形直接相连而特地配备了一个合体字形*。键盘输入的方式如下。

fi　option + shift + 5

fl　option + shift + 6

现在一些软件有最新功能，只要输入字母就能自动为用户替换成正确的合字。一款字体如果能够排一定程度的长篇文章，一般都会配五个 f 合字。大家可以到字形一览表里确认一下。

但是在有些字体里配的合字，其设计就是将 f 与 i 的点分开的，有的字体还会故意不制作 f 合字。这些字在设计上都巧妙地避免了让 f 与 i 的点相撞，因此直接使用也不会觉得异样。区别方法就是要看其与其他字母的字距是否均匀。

st、ct 合字

ﬆ ct

ssion for architecture led him to mod-
queducts and fountains, make bridges
ents. Among these vast activities was
pal of which was that which stood in

双元音

Æ Œ æ œ

字母 ß

ß = ſ + s

ck、ch 合字

ck ch

Hamada 中配备的合字（部分）

Dolce 中配备的合字（部分）

Classic Sauvignon

顺便说一下，在字形一览表里，有时还会出现右图那样和前面几个合字类似的字形，但这些是古典字形的长 s（long s，即 ſ）的合字，并非 f 合字，需要注意。

除此之外，不同字体也会配备各种各样的合字。传统古典的内容里还可以使用 st 合字或者 ct 合字。

另外，各国语文里的双元音*字母，如丹麦文、挪威文里的 Æ、æ，法文里的 Œ、œ，还有德文的 ß（长 s 和短 s 连写而成的字符），都是两个字母连接而成的一个字符。德文的 ck、ch，虽然字母本身并不相连，但也会把两个字母合起来当一个字处理。如果要用“字符间距”功能拉伸字距，这两个字母之间也不能被拉大。

最近的一些具有书法特征的字体为了能展现更为流畅的字母连笔，配备了各种各样的合字。大家可以把自己当作书法家，尝试使用这些字体里的合字，享受一下其中的乐趣。

长 s 合字

* 同一个音节里连续两个元音。

14 手写体

连笔手写体

Palace Script　Linoscript　Zapfino

Brush Script　Mistral　Caflisch Script

PALACE ×　MISTRAL ✓

script ×　CAFLISCH SCRIPT ✓

非连笔手写体

Legend　Choc　Ondine　Present

手写体可以分两大类：字母笔画有连接的“连笔手写体”和笔画分开的“非连笔手写体”。

连笔手写体不能用纯大写字母排成单词。虽然在招牌或者文章里偶尔会出现这种情况，但这应该是要尽量避免的。即使是通常使用大写字母排版的缩略语，也应该完整拼写出来而尽量不去用缩略语。但是像Mistral、Caflish Script这样的字体则是例外。这些字体虽然有连笔，但也可以用于纯大写。

在广告等领域，我们偶尔可以看见把连笔手写体的字距拉大的做法，这就像把汉字草书一个字一个字地强行拆开，看起来非常难受。

以往，要将手写风格的字体做成金属活字，会有很多条件限制，而到了当今的数码环境下，许多能发挥手写原有的优雅和大胆风格的手写体诞生了。

传统的连笔手写体常用于邀请函、证书等展示优雅氛围等场合（参见第 152 页）。广告、包装上也经常使用手写体，标识、标题等处也是如此。

虽然手写体经常用居中对齐的排版方式，但如果单纯用尺子测量出两端距离，再按计算得出的中心线去对齐，有时候看起来反而会有些偏移（图 1）。虽然根据字体、字母本身的笔画不同，情况会不尽相同，但多数情况下，行首大写字母会有向左下延伸的笔画（如 M、T、I），行尾会以小写字母结束，这时就应该先把左下延伸笔画的部分去除之后定出左边线，再去求中线。这样，中心就会向右移动（图 2、图 3）。

如果使用了更富有装饰性的带花笔的字母（参见第 112 页），就要先去除花笔部分，分辨出字母的主体，再去求中线（图 4）。

另外，如果开头的字母特别硕大，由于字母本身分量很重，为保持平衡，需要把中心稍微向左偏移一些（图 5）。

15 花笔字与尾字

花笔字

ABCDEFGHIJKLMN
OPQRSTUVWXYZ kvw

Adobe Caslon Pro Italic

PENNY BLACK ?
PENNY BLACK ✓
Penny Black ✓

意大利体是以手写字母为基础产生的，有时还会配备带有书法风格般延伸笔画的专用字母。这些字母叫作花笔字（swash letter），可以营造出更为优雅的形象。

如上图所示，有的是把大写字母的起笔拉长，有的会在字母末笔加上优雅的拖尾。这些字母一般用于词首，但是像 K 那样起笔没有装饰而收尾向右拉长的字母也可以用于词尾。小写字母也有花笔字。

花笔字绝对不能单纯用大写字母排版，我们偶尔会在街头的招牌上看到这种错误的用法。原本应该展现优雅的花笔字，反而会给人别扭、局促的感觉。

将小写字母的末笔伸长的字母叫尾字（terminal letter），可以用于对齐行尾，或者用于清晰明了地表示一个单词的结束。有些手写体、通常的罗马体也会配有尾字。这些字母是词尾专用，不能用在词首或者词中，否则单词里会出现多余的空间。

尾字

adehkmnrttu Garamond Premier Pro Italic

adehmnrttuz Garamond Premier Pro Regular

Zapfino 的尾字（部分）

elegant ✕ *elegant* ✓

Bickham 的尾字（部分）

Dear Uncle,

half-and-half

eck my Lingring here
r ---- I'll strait away,
of the Senate meet
h th' Events of War,

实际的铜版印刷品中会使用各种各样的尾字

Bickham 的词首专用字（部分）

established in 1834

formal party

与尾字相反，也有将起笔拉长的小写字母词首专用字*。

过量使用花笔字、尾字会显得过于冗繁，需要注意。只要理解书法里的运笔笔法，我们就能很自然地理解如何将这些字用得更舒适。大家可以多翻阅一些关于西文书法的书刊来逐渐掌握它们。

*左页上图的小写字母 v、w 也是词首专用字。

16 悬 挂

图 1

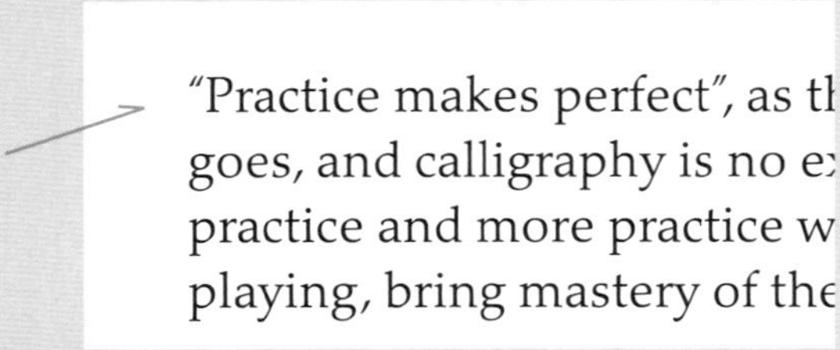

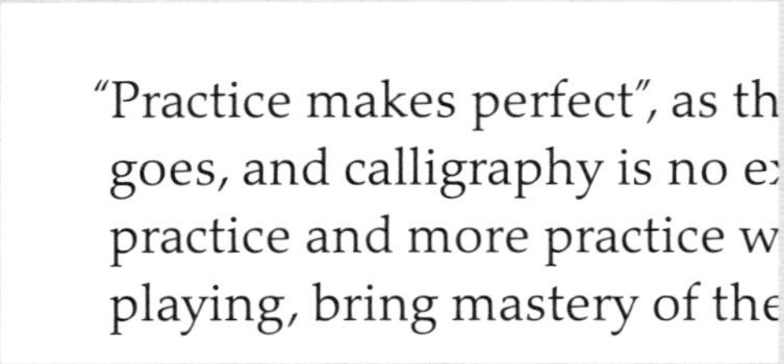

“Practice makes perfect”, as th
goes, and calligraphy is no ex
practice and more practice w
playing, bring mastery of the

“Practice makes perfect”, as th
goes, and calligraphy is no ex
practice and more practice w
playing, bring mastery of the

标点悬挂之后行首看起来更整齐

图 2

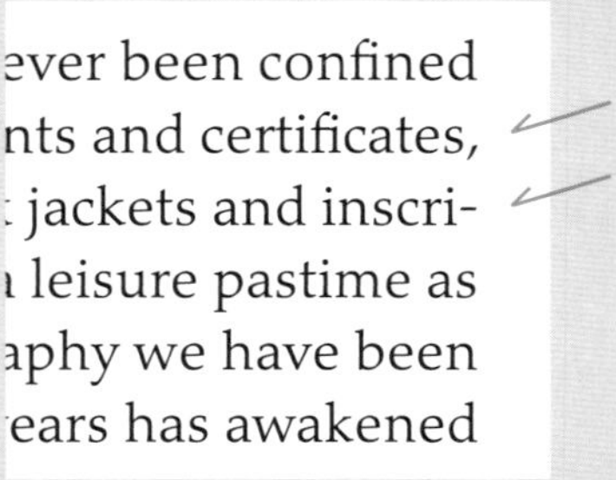

ever been confined
nts and certificates,
t jackets and inscri-
a leisure pastime as
aphy we have been
ears has awakened

逗号、连字符的地方看起来向内凹进

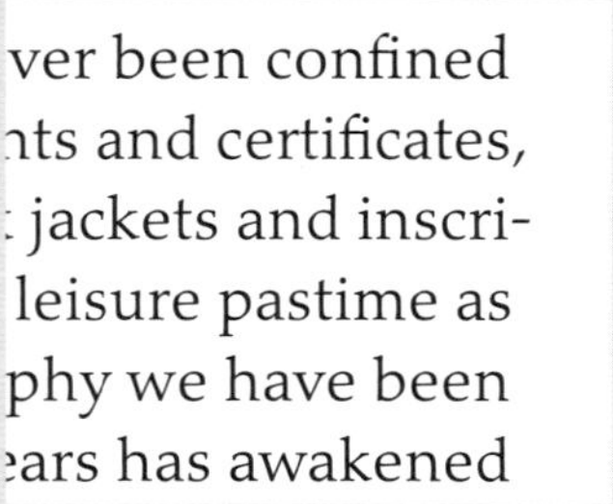

ever been confined
nts and certificates,
t jackets and inscri-
leisure pastime as
phy we have been
ears has awakened

标点悬挂之后的状态

This book i led ‘a collec-
tion of my f letterpress
studies by a rn typogra-
phy. This is ing printer,

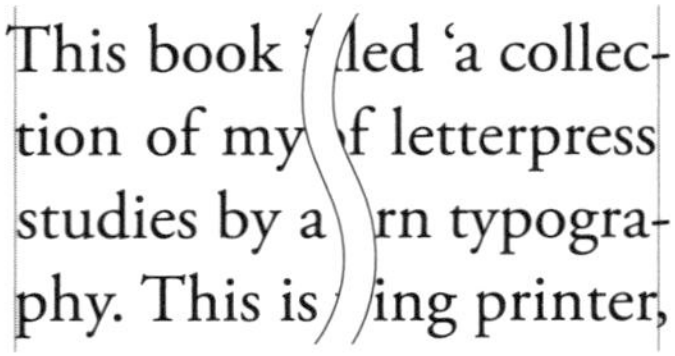

* 在 Adobe InDesign 中对西文行首、行尾进行悬挂时，可从“文字”菜单中的“文章”选项里选中“视觉边距对齐方式”，就能改善令人讨厌的凹凸状态，看起来更整齐。具体思路与第 62 页的视觉修正相同。

正文排版的行首出现 A、J、T、V、W、Y 等一部分笔形向左伸出的字母以及引号时，该部位看起来会向内凹进。而两端对齐时要对齐行尾，遇到引号、连字符、句号、逗号时，则这些部位看起来也会向内凹进（图 1、图 2）。排版中把这些字符从行首行尾向外伸出、在视觉上纵向对齐的做法叫“悬挂”（hanging）。连字符、句号等符号可以像图 2 下方那样整体挂出，也可以像左图这样挂出一半左右，我个人推荐不要整个挂出，只要挂出一半左右即可。

海报、产品包装这些本来就只有几行字的排版，这些字符会特别显眼，一定要加以调整。而在书籍印刷方面，要对几百页全部进行调整工作量太大，因此在以往，如此精心讲究进行调整的情况实属罕见。但是在当今的排版软件*中，可以直接选择是否进行悬挂。

17 行 长

行长过短的文章。由于换行过于频繁，无法让读者按照固定的节奏进行阅读。

What Gutenberg did was to
invent typecasting and mass
production. For the first time
in history a true technical
system of mass production
was applied: from a punch (the
patrix) cut in steel, a mold
(the matrix) was produced. A
variable instrument, the origi-
nal core of Gutenberg's inven-
tion, made it possible to pro-
duce letters in in whatever
quantity with the utmost pre-

What Gutenberg did was to invent typecasting and mass production. For the first time in history a true technical system of mass production was applied: from a punch (the patrix) cut in steel, a mold (the matrix) was produced. A variable instrument, the original core of Gutenberg's invention, made it possible to produce letters in whatever quantity with the utmost precision. The entire complex of Gutenberg's invention also included the alloy used for casting, the system of justifying, the press and the special ink for the printing of his books. From Gutenberg's time to the year 1500 – that is, a period of almost fifty years – there were more than 1,000 printers in some 200 places in Europe. Over 35,000 works some quite voluminous, were printed during the incunabula period, with an overall total of 10 to 12 million copies. This figure is astonishing indeed when we bear in mind that cultural life was restricted in those days to monasteries and the courts of rulers, and that only a very small percentage of the population of Europe could read. We may state that modern times began with the distribution of books, and that here began a revolution of the human mind. The printing of books prepared the ground

行长过长的文章。行如果长到如此程度，当视线要转移到下一行时，往往就很难找到刚才读过的到底是哪一行了。

经常有人问我理想的行长是多少，也就是考虑一行里排多少单词才算好*。但根据字体、字号、单词长度的不同，答案会有所不同，因此单词数最多只能算是一个参考标准。即使不擅长英文，也请把排好的文章自己再读一遍，尝试找出一个长度标准，超过之后再折行就会导致无法流畅地把视线转移到下一行。每当我看到自己觉得很漂亮的排版时，都会习惯性地去数一数每行有多少个词*。

如果把小字配长行长、大字配短行长，即便与开本大小以及版面的关系（参见第 120 页）都很匹配，也无法保证易读性。另外，行长较短的同时，如果又把行距拉得太宽，会让版面产生太多空白而显得很涣散；而行长较长时，即使把行距设定得大一些也能保持平衡。

就像这样，在记住平均多少个单词的同时，我们自然就能逐渐地感受到什么才是合适的单词数量与行长。

* 一般来说，十到十二个单词比较适合阅读。

* 虽说是算单词数量，但单词有长有短。特别是 I 和 a 还是很常见的单词，如果这也算进去，视觉效果与实际的单词数量就无法吻合。我会把 I 和 a 这样的词只算作半个单词。即使有三个 I 和 a，也只算作一个单词；如果出现四个才算作两个单词。然后要数三到五行，再算出平均数。

18 左对齐的换行

图 1

最长一行和最短一行的差距较小，易于阅读的排版示例

Abroad, the work of finance has been even more advantageous
to mankind, for since it has been shown that international finance
is a necessary part of the machinery of international trade, it fol-
lows that all the benefits, economic and other, which international
trade has wrought for us, are inseparably and inevitably bound up
with the progress of international finance. If we had never fertil-

行长差距过大的排版示例

Abroad, the work of finance has been even more advantageous to
mankind, for since it has been shown that international
finance is a necessary part of the machinery of international
trade, it follows that all the benefits, economic
and other, which international trade has wrought for us, are inseparably
and inevitably bound up with the progress of international

?

左对齐排版可以让词距保持均一，能够做出文本质地均匀、漂亮的版面。但是，在书籍、产品目录等的正文排版中，如果行长差距过大，不仅会造成版式视觉效果不佳，而且会让文章难以阅读（图 1）。

左对齐由于很难切实判断在哪里换行、如何换行，因此很多设计师都敬而远之。而两端对齐则可以把文字作为一个整块，这样易于排版，定出文本框直接灌文就可大功告成，因此大家会倾向于选择两端对齐。

但是，如果能掌握并使用好左对齐，能做出比两端对齐更规整的排版。因为左对齐能给人更现代的印象，被频繁使用在国外的各种领域中。

在此，我们来讨论一下左对齐的基本思路。实际在排版软件中，指定好换行位置（行长）再灌文，大致能帮我们做出接近于理想的换行操作。即使软件能自动排版，我们也不能完全放任不管，一定要自己用眼睛认真确认。

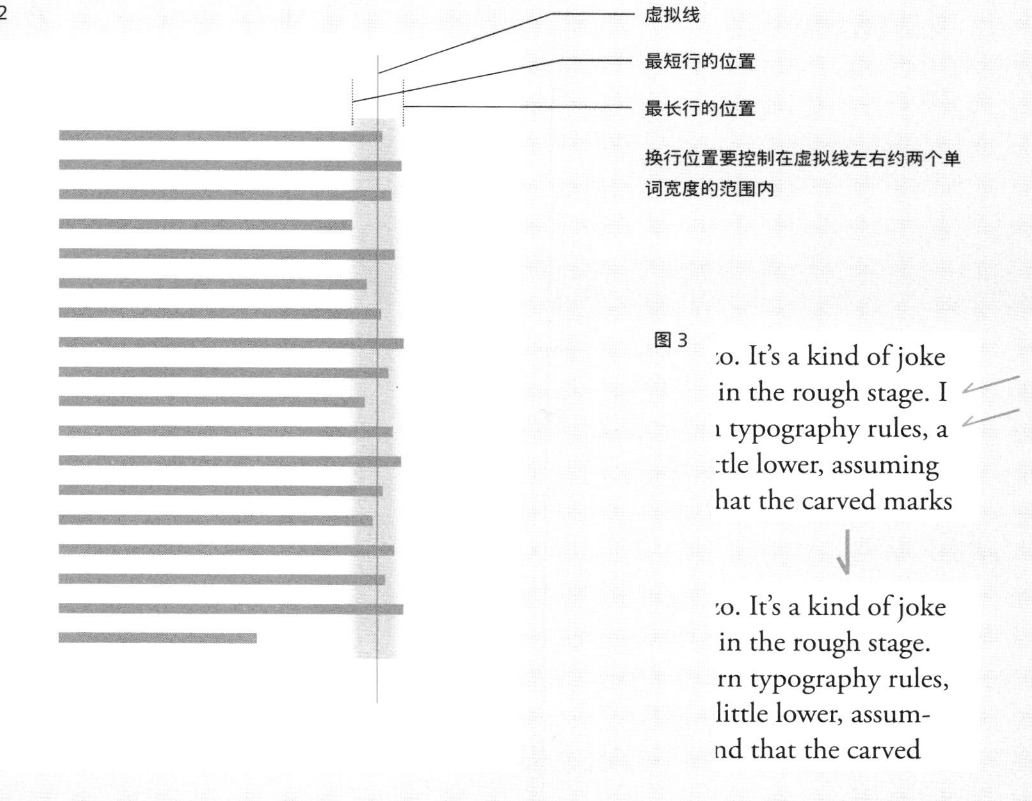

如果没有最新的排版软件，或者只有数行短文，则可以采用下述思路：将长行与短行的差异大致设为两个单词*，如果差异超过这个程度，就要从数行之前开始重新调整，尽量把差异调整得没那么大（图 2）。

另外，经常会碰到有些排版在行尾附近，在句点、逗号之后出现 a、I、it 这样的短单词，这些地方就会暴露出考虑的不周全。将这些短小的单词推到下一行去，也不会造成很大影响（图 3）。

有人以为连字断词只适用于两端对齐，但其实左对齐也要用到连字断词。大家往往对连字符的位置没有把握，但现在的排版软件里都配有英文拼写词典功能，只要打开自动连字断词功能，在一定程度上能做得不错。即使原稿有修改，自动加入的连字符也不会留下来（而手动加入的连字符则会留下来）。正常的排版必须进行连字断词的设置，但广告等短文章里应该尽量避免使用连字符。

* 因为既有像 it、a 这样特别短小的单词，又有很长的单词，所以不能绝对说是两个单词的长度，这仅是一个参考标准。

图 4 诗歌的排版示例

SONETTO

DI VINCENZO JACOBACCI

DI PARMA

DOTTORE DI LEGGE.

Quante volte varcasti, Eroe Sovrano,
L'Alpe e vedesti l'Itale contrade,
Attonita ammirò la nostra etade
Grand'opre di tuo senno e di tua mano:

E s'oggi riedi nel Lombardo piano
Quando per Te l'altrui possanza cade,
Montenotte, Marengo, e l'altre rade
Geste fan prova che non riedi invano.

Che volgi in mente alti destini è fama,
Ed il potere e lo splendor vetusto
Torni all'Italia che l'attende brama.

Già Te d'allori trïonfali onusto,
Colti sul fior degli anni, il Mondo chiama
Nuovo Alessandro in guerra, in pace Augusto.

如果出现连续数行都有连字符且实在无法调整时，就应该调整词距或者换行位置。如果一行之内无法解决，则要退到前面两三行或者更前面的行开始调整。把句点后面的空隙稍微压缩一些，这样的微调有时候也很有效。如果对整体进行字符间距的挤压或者拉伸，会导致小写字母的字距也发生变动，应当避免*。

* 整体调整时，应该只调整词距。

对于诗歌的排版，由于需要根据诗句的阅读节奏和内容而决定换行位置，行长的差距通常会变大（图 4，另参见第 135 页）。广告里连续数行的广告语，也需要依照内容在合适的地方换行。

19 短文的换行位置

Working toward a Sustainable Society and a Healthier Envi-
ronment

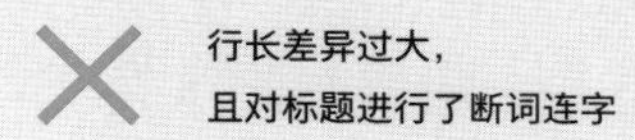

行长差异过大，
且对标题进行了断词连字

↓

Working toward a Sustainable Society
and a Healthier Environment

Consolidated Financial Report for the Third
Quarter Ended December 31, 2018

名词与修饰它的形容词被断开

↓

Consolidated Financial Report for the
Third Quarter Ended December 31, 2018

经常听到有人说，像小标题、广告语那样的短文，一行无法排下，却又不知道在何处换行是好。

关键在于两点：换行不能导致内容产生歧义，要考虑行长的平衡关系。实际放声朗读一下，一边注意各行长度的平衡关系，一边选择在整个语义流中自然的地方断开。需要留意以下几个要点和注意点：

◎ 在逗号、句点、问号和感叹号等标点符号的后面断开

◎ 在表示省略、停顿的连接号*等符号的后面断开

◎ 主语与动词、名词与修饰它的形容词，尽量不要断开

其他情况如人名（名与姓之间）等关系密切的词也是同理。

另外，应该避免在书名、大小标题里进行断词连字*。

In、on、for 等介词，and、or、but 等连词，定冠词 the 等，应根据上下文和使用场所，可能在前面或者后面断开，不能一概而论。而 a、an 这样的不定冠词最好还是换到下一行去。

无论如何，我们只能根据文章的内容，按照实际情况进行判断，如果实在很难处理，可以找作者、客户商量。

* 连接号可能也会用在项目列表等处，因此也可能会出现在行首（参见第 171 页）。

* 固有名词以及本身就带有连字符的单词也不应该断成两行（参见第 96 页）。

20 版心与页边距

?

list of great printers and famous personalities: Gutenberg, Ratdolt, Bodoni and William Morris. Each represents his age as a creator and shows the taste and the spirit of his time.
About 1440, according to many technical studies, Gutenberg invented the art of printing at Mainz, beginning with the first contemporary report in the Cologne Chronicle of 1499. But Gutenberg did not invent printing. From the year 868, fifty years after the death of Charlemagne in Europe, there had been printed books in China. These, however, were in the form of rolls, and were produced without the use of movable types.Cicero, who lived from 106 to 43 B.C., had a vision of printing by means of single letters Let me quote a passage from his book De Natura Deorum: 'He who believes this (that a world full of order and beauty could be formed by the fortuitous concourse of solid and individual bodies) may as well believe that a great quantity of the one-and-twenty letters, composed either of gold or any other matter, thrown upon the ground, would fall into such order as to form the Annals of Ennius'. Remember this was written 900 years before the appearance of Chinese printing and 1,500 years before Gutenberg made his first prints around 1445, the Chinese were already beginning to print their great edition of the Tao Canon, which they finished in 1607 (after 162 years, and in 5,485 volumes). It is said that in Korea books were printed with single characters as early as 1392 – a century before Columbus arrived in America, fifty years before Gutenberg.
What Gutenberg did was to invent typecasting and mass production. For the first time in history a true technical system of mass production was applied: from a punch (the patrix) cut in steel, a mold (the matrix) was produced. A variable instrument, the original core of Gutenberg's invention, made it possible to produce letters in whatever quantity with the utmost precision. The entire complex of Gutenberg's invention also included the alloy used for casting, the system of justifying, the press and the special ink for the printing of his books.
From Gutenberg's time to the year 1500 – that is, a period of almost fifty years – there were more than 1,000 printers in some 200 places in Europe. Over 35,000 works some quite voluminous, were printed during the incunabula period, with an overall total of 10 to 12 million copies. This figure is astonishing indeed when we bear in mind that cultural life was restricted in those days to monasteries and the courts of rulers, and that only a very small percentage of the population of Europe could read.
We may state that modern times began with the distribution of books, and that here began a revolution of the human mind. The printing of books prepared the ground for education on a broad basics, spreading progressively to all social classes. The diffusion of technical and social knowledge was possible only through the invention of the art of printing, as was the propagation of the Christian faith by means of the Bible printed in various languages. The Bible very soon became the household book of the masses. The invention of printing conveyed great discoveries and deepened knowledge of foreign countries. It led to spiritual revolutions, the Reformation, the French Revolution, and in this century to the theories of Einstein.

版心

Gutenberg made his first prints around 1445, the Chinese were already beginning to print their great edition of the Tao Canon, which they finished in 1607 (after 162 years, and in 5,485 volumes). It is said that in Korea books were printed with single characters as early as 1392 – a century before Columbus arrived in America, fifty years before Gutenberg.
What Gutenberg did was to invent typecasting and mass production. For the first time in history a true technical system of mass production was applied: from a punch (the patrix) cut in steel, a mold (the matrix) was produced. A variable instrument, the original core of Gutenberg's invention, made it possible to produce letters in whatever quantity with the utmost precision. The entire complex of Gutenberg's invention also included the alloy used for casting, the system of justifying, the press and the special ink for the printing of his books.
From Gutenberg's time to the year 1500 – that is, a period of almost fifty years – there were more than 1,000 printers in some 200 places in Europe. Over 35,000 works some quite voluminous, were printed during the incunabula period, with an overall total of 10 to 12 million copies. This figure is astonishing indeed when we bear in mind that cultural life was restricted in those days to monasteries and the courts of rulers, and that only a very small percentage of the population of Europe could read.
We may state that modern times began with the distribution of books, and that here began a revolution of the human mind. The printing of books prepared the ground for education on a broad basics, spreading progressively to all social classes. The diffusion of technical and social knowledge was possible only through the invention of the art of printing, as was the propagation of the Christian faith by means of the Bible printed in various languages. The Bible very soon became the household book of the masses. The invention of printing conveyed great discoveries and deepened knowledge of foreign countries. It led to spiritual revolutions, the Reformation, the French Revolution, and in this century to the theories of Einstein.

四周余白部分即页边距

排版和纸张的平衡协调关系、印刷位置等也是非常重要的问题。排版虽好，但是作为开本的纸张尺寸与版心不协调，也会影响到易读性。版心以外四边的空白称作“页边距”。

在这里，我以标准的A4尺寸（210mm×297mm）来讲解。虽然最近出现了很多标准规格以外的印刷品，但是基本思路都是一样的。

●版面与版心的面积大小

这是测量版面和版心的面积后，用百分比进行设置的一种方法。书籍印刷里常用的一个标准是50%左右，而最近有越来越多书会把版心设得大一些。具体设置根据字数与内容（现代的或传统的）也会有所不同。如果是希望读者能够轻松阅读的文学书籍、儿童读物，则要留出较大的页边距；但如果是实用性的内容，由于不能不考虑字数问题，有时会将边距设置得窄一些。

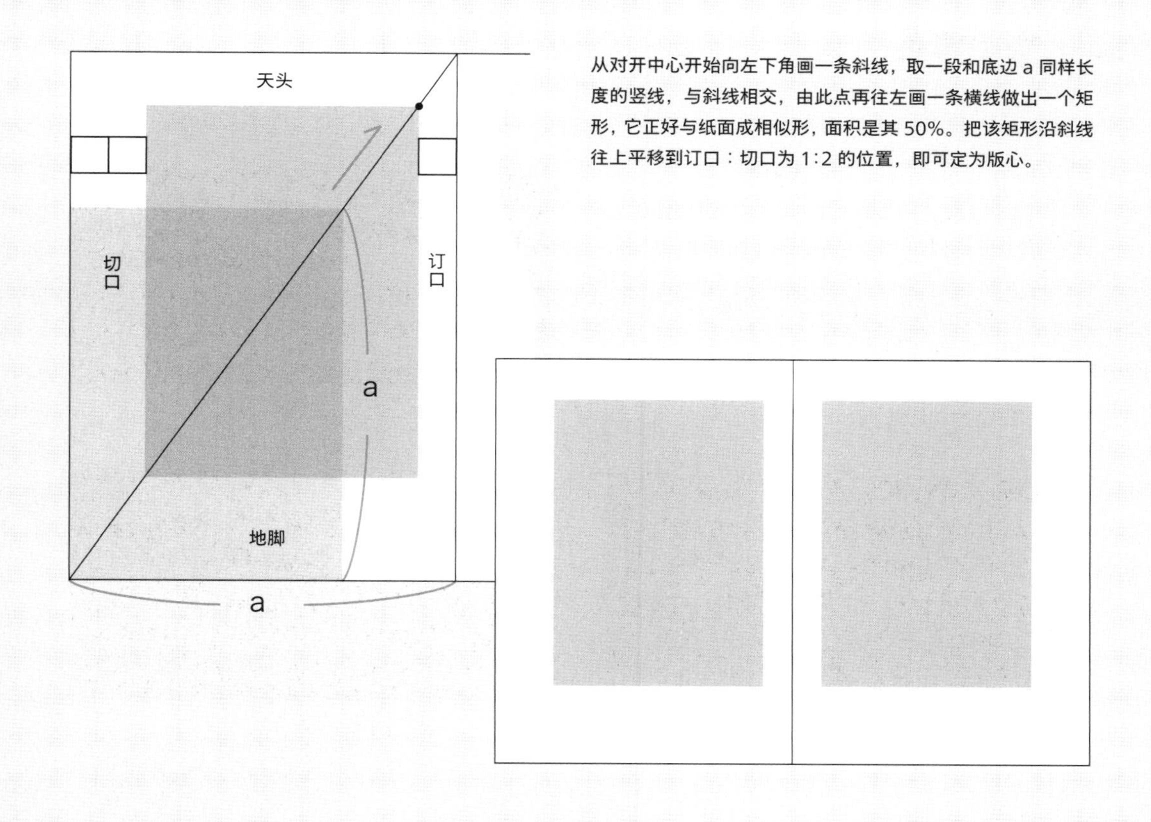

从对开中心开始向左下角画一条斜线，取一段和底边 a 同样长度的竖线，与斜线相交，由此点再往左画一条横线做出一个矩形，它正好与纸面成相似形，面积是其 50%。把该矩形沿斜线往上平移到订口：切口为 1:2 的位置，即可定为版心。

● 版面和版心的位置

针对版心位置的版式风格，每个时代都有各种各样的设定方法。上图是把版心定为 50% 时的设定方法，能给读者一种安稳的感觉。右图是中世纪手抄本的一种版心设定方法，这种版心会更小一些。

其他还有各种各样的版心设定方法，但原则上，各种页边距应该符合“订口＜天头＜切口＜地脚”的大小顺序。

另外，根据不同的装订方式，订口处的展开状态也会改变，最终效果也会不同。由于还需要根据内容、字数综合考虑，因此上述方法说到底只能作为参考。大家需要根据自己的实际情况来设置最适合的面积和位置。

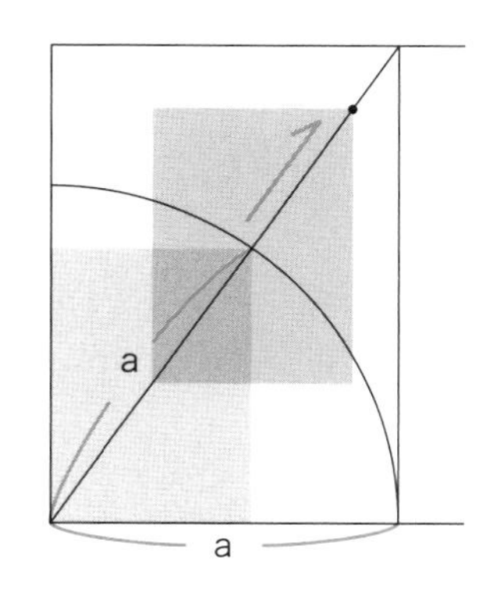

中世纪手抄本的页边距会留得大一些，因为会在页边距中加上很多的装饰

21 文字颜色

This firm, which was purchased by Patric de Ladoucette of Château du Nozet in 1980, is particularly famous for the potential longevity of its sparkling Vouvray.

Bauer Bodoni Roman

This firm, which was purchased by Patric de Ladoucette of Château du Nozet in 1980, is particularly famous for the potential longevity of its sparkling Vouvray.

将 Bauer Bodoni Roman 直接黑白反转

This firm, which was purchased by Patric de Ladoucette of Château du Nozet in 1980, is particularly famous for the potential longevity of its sparkling Vouvray.

更换为 Garamond Premier Pro Semibold 之后

This firm, which was purchased by Patric de Ladoucette of Château du Nozet in 1980, is particularly famous for the potential longevity of its sparkling Vouvray.

更换为 Optima nova Regular 之后

也许和排版没有直接关系，但是颜色也是字体排印的一个重要因素。文字的颜色、背景的颜色、纸张的种类，这些组合都会对排版的最终呈现效果产生极大的影响。

书籍印刷中的文字几乎都是黑色。黑色能与纸张的白色或者浅米色形成最强的对比度，能让读者明确地辨识到文字笔画。对注重易读性的长篇文章的印刷品来说，黑色是最合适的颜色。

红色虽然能引起注意，但是会降低易读性。由于饱和度太高，红色用于长篇文章会引起阅读疲劳。但是在标题、广告语等短文这些引起注意的地方，红色则非常有效。蓝色、棕色也不适合用于长篇文章，但是改成藏青色、深棕色，饱和度降低之后就会更易读一些。

如果文字不用黑色，那么最好用专色做单色印刷。偶尔可以看见有些印刷品用四色印刷的网点叠色套印文字，这样一旦套色有些许偏差会就导致非常难读。即使是黑色版单色印刷，也应该避免使用网点。

我们经常能看到有些人寿保险、信用卡的合同事项用非常小的字号，还用灰色或者网点印刷。为什么要把这些重要的信息故意搞得如此难以阅读呢？

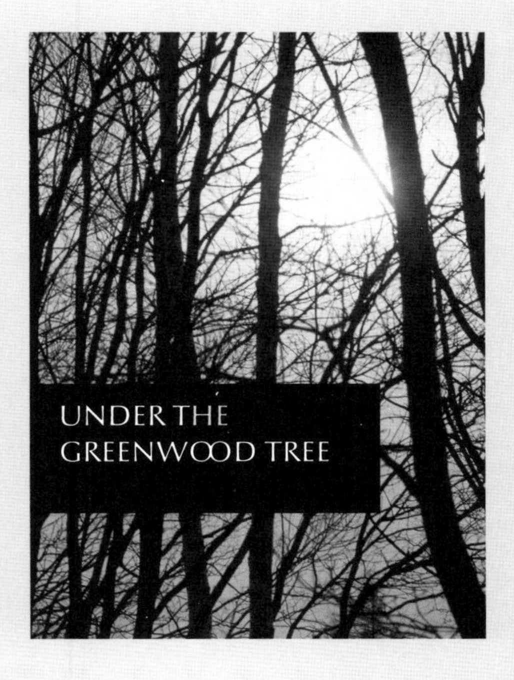

在黑色、深色背景上放置反白的文字时，文字里的细笔画会有消失的危险。如果一定要反白，应该做一些处理，比如用粗一些的字体，或者不用罗马体而改用无衬线体等横画较粗的字体，又或者把字号放大一些，把文字加粗一些等。

应该尽量避免在强烈的图案或复杂的图像上叠加反白的文字。如果是设计要求、无法避免，则应当尝试铺一块底色或者把文字背景部分的图像稍微调暗一些，以保证文字能够容易阅读。

在商品图录、小册子等的光面纸上用 Bodoni 等现代体类的字体，受纸张光泽的影响，极细线有时候会变得难以阅读。选择字体时，我们要考虑到与纸张的匹配度再决定*。

*活字印刷时代的字体设计，都会考虑到伴随印压的油墨晕出，而把笔画设计得稍微细一些。但是，后来出现了铜版纸，纸张的光泽会削弱极细线衬线的效果，所以用于商品目录里印刷的活字在制作上又会把衬线、笔画等处稍微加粗一些。而现在，胶版印刷已经成为主流，在数码字体中就没有这样的调整了。

3–3 排版手册

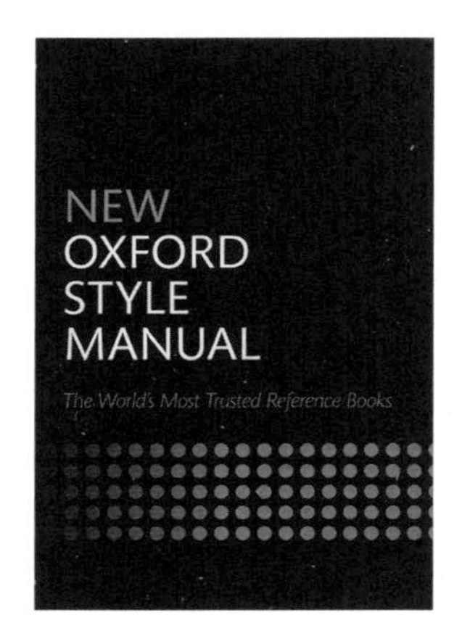

大家知道《芝加哥风格手册》(*The Chicago Manual of Style*)、《新牛津风格指南》(*New Oxford Style Guide*)这两本书吗？它们就是被称作"芝加哥手册""牛津手册"的排版说明书。一般来说，在排美国英语时应参考"芝加哥手册"，排英国英语时应参考"牛津手册"。以往一提英文的排版指南，多指"牛津"(规则)，但近年来以"芝加哥手册"为标准的地方越来越多。

话说回来，排版手册是如何形成的呢？比如我们来看看"牛津手册"。具有约四百年传统的牛津大学是一所教育、研究机构，为了发布研究成果，大学的出版社需要将论文出版成书。在使用金属活字排论文的年代，稿件都是手写的。由于当时的论文写法不太规范，标点符号、省略符号的用法都不尽相同，导致到了排版工序时产生了诸多混乱。因此，出版社向研究学者们建议，以统一的写法进行论文撰写，据说这就是"牛津手册"的开端。由于它非常清晰合理，各所大学、出版社纷纷采用这份手册。同样地，在美国，芝加哥大学出版社的"芝加哥手册"也非常优秀，为全美众多大学出版社所采用。

这两份手册虽然对英文的写法规定都非常类似，但在比如引号的使用方法(参见第 106 页)、惯用的缩略语是否加句点等局部内容上也有一些差异。

这两份手册也并非一成不变。语言是活的，随着时代、生活习惯的变化，语言和排版都会发生改变。请大家一定记住会有例外的时候。这类书是手册、是指南，而不是规范。而且，排版手册也不止这两种。除了大学，各家出版社、杂志社、报社、通讯社、网站也会有各自的排版标准*。

重要的是，要与客户、作者认真商讨，事先定好依照哪家的风格手册。而且，一份作品里使用的风格要统一。

* 英国杂志《经济学人》(*The Economist*)、《纽约时报》(*The New York Times*)等的社内手册现在也作为一般书籍公开出售。

打字机的影响

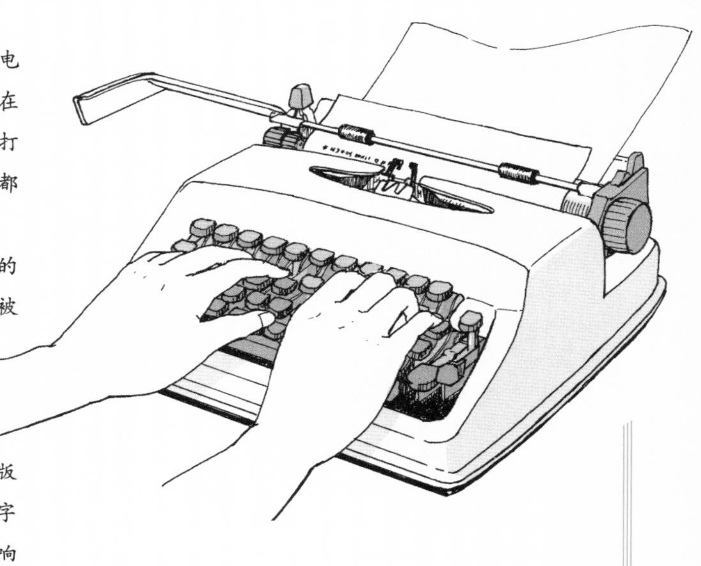

大家知道打字机吗？随着文字处理机与电脑的出现，打字机已经完成了历史使命，现在已经不太看得见它们了。那么为什么还要提打字机呢？这是因为这本书里提到的一些问题都与打字机时代养成的习惯相关。

现代电脑里的文字处理功能可以把输入的文章直接做成印刷稿件，而打字机则一直是被当成一种文具。由于其能打出的字符种类有限，因此在使用时，有时只好放弃原本一些正确的用法。这样打出来的稿件要拿去印刷时，会有像我这样的排版工或者操作人员根据上下文去替换成正确的字符。下面，我就把打字机带来的“错误”影响总结一下。

- 段首缩进空五个字

有的打字机教程还会写要空八个字，但其实目的都是要明确体现出段落发生了变化。这个做法被断章取义地沿袭下来。在一般印刷品里不能如此轻率沿用。

- 竖直的引号

由于能打的字符种类很少，因此只能用竖直的引号（'）（"）去替代原本的引号和缩略号。要打带声调字母的时候，就在字母上面再打一个竖直的引号，甚至不分锐音符（ˊ）、钝音符（ˋ）都无所谓！优秀的排版工人可以根据上下文去判断并选择正确的字符。

- 句号后面连打两个空格

逗号后面要打一个空格，而句号后面好像是为了明确表示结束而打两个空格。可能是由于肌肉记忆，直到如今，在西文的电子邮件中有时还能看到连打两个空格的现象。

- 数字只有一种

数字只有等宽等高数字一种，而且有的键盘甚至没有 0 和 1，需要的时候用大写字母 O 和 I 代替。

- 连打两个连字符代替全角连接号

说是连字符，看起来几乎就像是半身连接号（en dash），这样连打两个就成了全角连接号（em dash），中间还是断开的。

- 用连字符表示下划线

没有意大利体，就想用下划线来表示强调。这时只要稍微旋转一下送纸滚筒，再在打好的字母下面连打一串连字符，就能拼凑出下划线。

此处介绍的这些打字机时代的独特用法，本来都是利用有限的键盘向排版工人传达排版意图的一种替代方式。但要是直接就这样印出来……真是会令人失望啊。

稍作休息

国外优秀排版实例鉴赏

在此稍作休息，我们来看一些国外的排版实例。我挑选了一些自己觉得很优秀的作品，并对重点做了一些简单的说明。本书前面写到的内容,在这些事例中也都有体现。大家可以一边品尝咖啡，一边欣赏、品味。

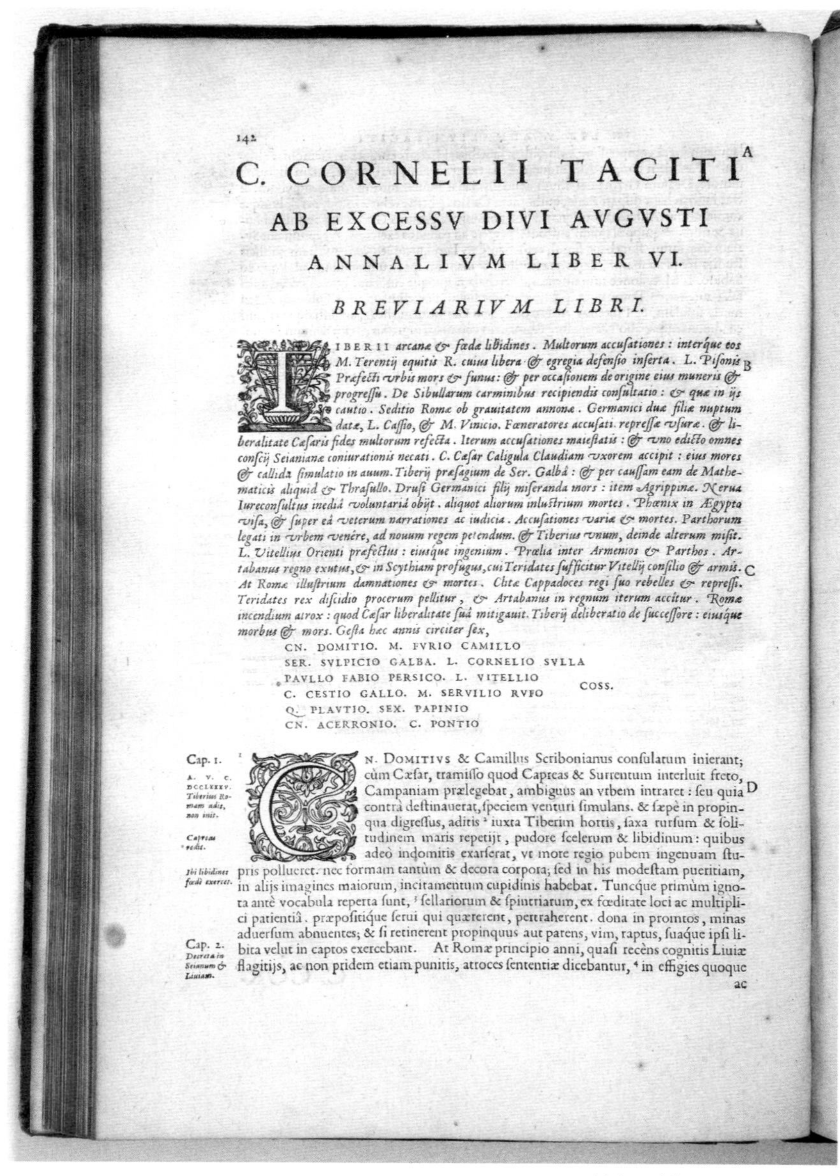

142

C. CORNELII TACITI

AB EXCESSV DIVI AVGVSTI

ANNALIVM LIBER VI.

BREVIARIVM LIBRI.

TIBERII arcanæ & fædæ libidines. Multorum accusationes: interque eos M. Terentij equitis R. cuius libera & egregia defensio inserta. L. Pisonis Præfecti vrbis mors & funus: & per occasionem de origine eius muneris & progressu. De Sibullarum carminibus recipiendis consultatio: & quæ in ijs cautio. Seditio Romæ ob grauitatem annonæ. Germanici duæ filiæ nuptum datæ, L. Cassio, & M. Vinicio. Fæneratores accusati. repressæ vsuræ. & liberalitate Cæsaris fides multorum refecta. Iterum accusationes maiestatis: & vno edicto omnes conscij Seianianæ coniurationis necati. C. Cæsar Caligula Claudiam vxorem accipit: eius mores & callida simulatio in auum. Tiberij præsagium de Ser. Galbâ: & per caussam eam de Mathematicis aliquid & Thrasullo. Drusi Germanici filij miseranda mors: item Agrippinæ. Nerua Iureconsultus inediâ voluntariâ obijt. aliquot aliorum inlustrium mortes. Phœnix in Ægypto visa, & super eâ veterum narrationes ac iudicia. Accusationes variæ & mortes. Parthorum legati in vrbem venêre, ad nouum regem petendum. & Tiberius vnum, deinde alterum misit. L. Vitellius Orienti præfectus: eiusque ingenium. Prœlia inter Armenios & Parthos. Artabanus regno exutus, & in Scythiam profugus, cui Teridates sufficitur Vitellij consilio & armis. At Romæ illustrium damnationes & mortes. Clitæ Cappadoces regi suo rebelles & repressi. Teridates rex discidio procerum pellitur, & Artabanus in regnum iterum accitur. Romæ incendium atrox: quod Cæsar liberalitate suâ mitigauit. Tiberij deliberatio de successore: eiusque morbus & mors. Gesta hæc annis circiter sex,

CN. DOMITIO. M. FVRIO CAMILLO
SER. SVLPICIO GALBA. L. CORNELIO SVLLA
PAVLLO FABIO PERSICO. L. VITELLIO　　COSS.
C. CESTIO GALLO. M. SERVILIO RVFO
Q. PLAVTIO. SEX. PAPINIO
CN. ACERRONIO. C. PONTIO

Cap. I. *A. V. C. DCCLXXXV. Tiberius Romam adis, non init.* *Capreas redit.* *Ibi libidines fœdè exercet.*

[1] CN. DOMITIVS & Camillus Scribonianus consulatum inierant; cùm Cæsar, tramisso quod Capreas & Surrentum interluit freto, Campaniam prælegebat, ambiguus an vrbem intraret: seu quia contrà destinauerat, speciem venturi simulans. & sæpè in propinqua digressus, aditis [2] iuxta Tiberim hortis, saxa rursum & solitudinem maris repetijt, pudore scelerum & libidinum: quibus adeò indomitis exarserat, vt more regio pubem ingenuam stupris pollueret. nec formam tantùm & decora corpora; sed in his modestam pueritiam, in alijs imagines maiorum, incitamentum cupidinis habebat. Tuncque primùm ignota antè vocabula reperta sunt, [3] sellariorum & spintriarum, ex fœditate loci ac multiplici patientiâ. præpositique serui qui quærerent, pertraherent. dona in promtos, minas aduersum abnuentes; & si retinerent propinquus aut parens, vim, raptus, suaque ipsi libita velut in captos exercebant.

Cap. 2. *Decreta in Seianum & Liuiam.*

At Romæ principio anni, quasi recèns cognitis Liuiæ flagitijs, ac non pridem etiam punitis, atroces sententiæ dicebantur, [4] in effigies quoque

ac

（实际尺寸约 250 mm × 385 mm）

●古典风格的书籍排版

《塔西佗歌剧》（*Taciti Opera*）　　普朗坦印刷所，1648 年，比利时

在以往的书籍中，一章的开头经常会使用装饰性的首字母。意大利体用于正文排版也很漂亮吧。意大利体还可以用于旁注。首字母后面的几个单词、人名都用了小型大写字母排版。由于当时还没有大写字母 U，标题第二行排成了 AVGVSTI。

这里也有些地方与现代排版的方法不同，比如在逗号、冒号、句号前后都加空格就是当年的风格。右下角的 ac 被称为“翻页提示词”，表示下一页的单词是以 ac 为开头的。

PRINTING TYPES

THEIR HISTORY, FORMS & USE

A Study in Survivals

BY DANIEL BERKELEY UPDIKE

With Illustrations

VOLUME I · SECOND EDITION

»Nunca han tenido, ni tienen las artes otros
enemigos que los ignorantes«

HARVARD UNIVERSITY PRESS

CAMBRIDGE MASSACHUSETTS

1951

●扉　页

《字体排印的变迁》（*Typographische Variationen*）　赫尔曼·查普夫（Hermann Zapf）著

这是书中刊载的一页漂亮的扉页样张。大写字母的字距调整、意大利体的用法、页面整体的平衡比例等都令人心仪。第二行采用意大利体的 & 的做法也很令人叹服。

字体：Stempel Garamond

s, the text of an inscription is arranged so that the letters are aligned
ally as well as horizontally. The structure of the letters is as rational
eir disposition, incorporating basic geometrical forms: circle, equi-
l triangle, and half square. But towards the end of the fourth
ry the simple forms acquired decoration in the shape of wedge-
d tips, one of the earliest datable examples of which is the inscrip-
recording the dedication of the temple of Athene at Priene in Asia
r by Alexander the Great in 334 BC. A new style with separated
s, irregular lines and exaggerated serifs completely superseded the
nedon style and the old forms. To these features, the Romans in due
e added stressed – thick and thin – strokes, which became the dis-
ve marks of the Imperial inscriptions.
ween the cool precision of the modestly-sized Attic inscriptions and
amboyance and often aggressively domineering scale of the lettering
nperial Rome there is a profound change of mood. Although the
anists who revived the ancient letter forms in the fifteenth century
on geometrical principles, the use of evenly weighted sanserif let-

●悬挂示例

《宁芙与洞穴》(*The Nymph and the Grot*)

詹姆斯·莫斯利（James Mosley）著

此例是将行尾的连字符放到栏外且进行了视觉补偿的排版。其他地方，如段首缩进的距离、词距、行距等处也有非常细致的处理。作者是伦敦圣布莱德印刷图书馆的前馆长、著名的文献学者。

字体：Miller

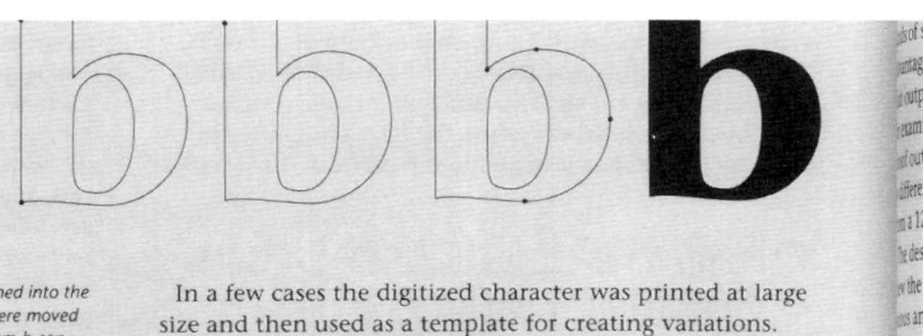

med into the
vere moved
ium b con-
e the charac-
points that

raphic
airly
derwent
ed to

some
typewrit-
erence in
some-

ts from

l Brian

In a few cases the digitized character was printed at large size and then used as a template for creating variations. Most of the design work, however, was done by drawing with a computer; only about 100 out of the 4,000 drawings were made on paper. The process of drawing with a computer program is difficult to describe without being able to demonstrate. The points defining the spline outline can be pulled and pushed by the designer in a fashion which seems more like sculpture than drawing; this creates new shapes, or subtly modifies the existing shape. It is possible to use a letterform as raw material for creating another form. For example, all the bold characters were created from the medium characters.

To design the semibold weights, I used a computer program that does interpolation. Here interpolation means "averaging" the light and the bold outlines of a character to produce an outline of intermediate weight. This is a fairly simple mathematical operation in which the coordinates of the points which define the splines are averaged. The process has been used very successfully in designing letterforms for some time. By the same means, it is possible to make very subtle adjustments to the weights of the medium and bold, which is extremely useful in fine tuning the relationships between the designs.

●左对齐示例

《字体的精细印刷》(*Fine Print on Type*)

查尔斯·比奇洛（Charles Bigelow）、

保罗·海登·杜恩辛(Paul Hayden Duensing)、

林尼亚·金特里（Linnea Gentry）编

虽然是左对齐，但是由于有效地利用了连字处理，行尾没有明显的参差不齐，排版很漂亮。

字体：Stone Serif

LUTON PARK

bedrooms. An amateur drawing corresponding with the main elevation of the 1767 'New Design' is further evidence that Adam's contribution was to refine a project conceived by Bute himself.

A major advantage of the 1767 'New Design' was that the main block could be built in stages. A drawing of 1767 by Adam shows how the 'New Additions' could be 'contrived to Answer as part of a Compleat Design with Offices when the Old part of the House is pulled Down'.[1] The northern bay of the garden façade and the whole of the entrance front were omitted, leaving the central corridor with the twin staircases at either end, and the sequence from the Organ Drawing Room to the Libraries on the ground floor, with the corresponding bedrooms above and servants' rooms in the concealed attic over these. The house thus would continue to be entered from the old building.

plate 56

Refinements continued to be considered.[2] The tetrastyle convex portico of the east front – itself a development from the lateral façades of the quadrangular scheme – was emphasised by outer flanking pillars. The lateral (south) façade was extended at both ends and the central projection of the 1767 'New Design' was replaced by two. Alternative plans for linking these projecting bays, with pairs of columns on the first and ground floors and on the latter alone, did not disguise the rather ungainly character of the design, which was clearly necessitated by Bute's requirements for the Library within. In the definitive scheme the string courses of the façades were enriched and the centre treated with a single pair of columns below an arch framing a Diocletian window.

plate 59

The decision to build the new Luton in two stages meant that, while work on the first was already in progress, the design for the second – and in the event abandoned – phase could continue to be modified. Bute, who had left for the Continent in August 1768, no doubt contributed to the process,[3] as did his son Charles, whose 'improved' plan of Luton is inscribed 'Begun at Rome; continued during the Journey; Finish'd at Genoa April 1st 1769.'[4] Stuart proposed to alter the arrangements of the wings and to bring forward the rooms behind the entrance façade of the 1767 'New Design', making space for two rectangular internal courts. Adam's engraved plan of 1771,[5] while of course of an altogether different level of sophistication, incorporates elements of Stuart's scheme. Stuart had followed the architect's drawings of 1766 and 1767 in projecting the Hall as a relatively small square room with oval vestibules at either side. A plan of the basement storey in which the area of the proposed Hall is left blank suggests that Bute was for a time uncertain as to his needs. But

plate 61

1. Mount Stuart.
2. The relevant drawings are at Mount Stuart.
3. A series of small plans (Mount Stuart) of the first phase of the 'New Design' may well have been prepared for Bute's use on his travels.
4. Mount Stuart.
5. Adam, 1775 and 1778, pl. I.

159

●两端对齐示例

《约翰——比特伯爵三世》(*John, 3rd Earl of Bute*)弗朗西斯·拉塞尔（Francis Russell）著

整体文本的质地非常均匀，细节考虑非常周到。排版处理时经伦敦字体档案馆（原字体博物馆）馆长、创始人苏珊·肖（Susan Shaw）检查过。她曾担任过牛津大学出版社、企鹅图书、费伯出版社的编辑，具有一双精通书籍编辑、校对、排版的慧眼。

字体：Dante

Die Rose unter Dornen

Ein frommer Mann, der tief gekränkt und verwundet mitten unter seinen Verfolgern lebte, ging traurig einmal auf und ab in seinem Garten an den Wegen der Vorsehung fast verzweifelnd. Wie festgehalten, blieb er vor einem Rosenbusch stehen, und der Geist der Rose sprach zu ihm also:

«Belebe ich nicht ein schönes Gewächs? einen Kelch der Danksagung voll süßer Gerüche dem Herrn im Namen aller Blumen, sein Weihrauchopfer. Und wo erblickest du mich? Unter Dornen. Aber sie stechen mich nicht; beschützen mich und geben mir Säfte. Eben dies tun dir deine

意大利体

《今日印刷》(*Printing of To-day*)
奥利弗·西蒙（Oliver Simon）、
尤利乌斯·罗登贝格(Julius Rodenberg)著

装饰性意大利体的排版一例。精准的词距不会阻断阅读的视线。字体与插图搭配和谐，文本绕图时的换行位置也很恰当。

字体：Koch Cursive

The extent to which architecture might be called an art has been the subject of investigation often enough. It seems to me that architecture is rarely, and then only to an inconsiderable degree, a true art; that is, it rarely can ascribe its origin to the desire for cognition and see its goal in the furtherance of understanding. Architecture does, to be sure, participate, along with other arts, in what we usually think is the essence of art, particularly in its striving to achieve an aesthetic effect. But if we believe that architecture does not stand on a plane with the other arts simply because its works have a practical aim and purpose, we are in error, for a practical purpose does not prevent the other arts from remaining true to their artistic purpose. The reason is much more likely to lie in the nature of architecture itself. We usually limit the artistic qualities of our buildings to their aesthetic effect. Nevertheless, when we subtract all that, we still have a remainder which, though rarely recognized, may be the genuine and only significant artistic component in the works of architecture.– Conrad Fiedler

安色尔体

施腾佩尔公司（D. Stempel AG）
活字样本册

这是一种源自手写字体的安色尔体。首字母的 t 是同款字体的首字母形。排版时特意采用了左边不对齐的方法，更能体现手写的氛围，非常雅致。

字体：American Uncial

Die Gestaltung einer
Schriftprobe unterliegt meistens dem alten
Brauch, eine möglichst vollständige
Übersicht der vorhandenen Schriften zu geben
mittels einer Zeile Versalien, einer Zeile
Gemeine von der kleinsten bis zum grössten
Schriftgrade, denen öfters ein ganzes
Alphabeth zugefügt wird.
In dieser Schriftprobe wurde absichtlich von
diesem vertrauten Wege abgewichen.
Sie werden darin nur Anwendungsbeispiele
finden, aus denen, wie wir hoffen, die Wesenart
von jeder Schrift deutlich hervorgeht.
Wir bleiben selbstverständlich gerne
bereit, Ihnen von den Schriften, über
die Sie sich weiter orientieren möchten,
ausführliche Musterblätter
zu senden.

Schriftgiesserei
Joh. Enschedé en Zonen
Haarlem · Holland

[VII]

Vino proleća, praznik je za srce
po kome već jutrom padala je slana,
za srce kom su se otvorile oči
što u prošlost stoje vazdan okrenute;
kad rujnim cvetom procveta obmana,
kad vidik opet oko njega plane
ko onome ko je još na visu,
kad puknu pred njim puteva bele ruže;
kad otvore se u klancu poljane;
a srcem svojim sav život poveže,
kao duga planinska daleke strane.
Vino proleća, čudno je za onog
kom svetluca u srcu misao seda,
i bol u sećanju kome oštro seva,
ko počinje s tugom da pripoveda
zamišljen ko utihnula brana,
da se radoštima prvih ptica poda,
u šiblje misli rumenih da zaraste
kao u vrbe mlada nadošla voda.

●意大利体

恩施赫德公司（Enschedé，左）与蒙纳公司（Monotype，右）的字体样张

左边是现代、简约风格的活字时代的意大利体。经过推敲的行长描绘出的参差以及居中对齐的比例非常漂亮。右边是数码字体的意大利体，灵活使用了花笔字、尾字，展现出了西文书法风格。

字体：Spectrum Italic（左），Agmena Book Italic（右）

Introduction 13

The roots of modern typography are entwined with those of twentieth-century painting, poetry, and architecture. Photography, technical changes in printing, new reproduction techniques, social changes, and new philosophical attitudes have also helped to erase the frontiers between the graphic arts, poetry, and typography and have encouraged typography to become more visual, less linguistic, and less purely linear.

The new vocabulary of typography and graphic design was forged during a period of less than twenty years. The 'heroic' period of modern typography may be said to have begun with Marinetti's *Figaro* manifesto in 1909 and to have reached its peak during the early 'twenties. By the end of that decade it had entered a new and different phase, one of consolidation rather than of exploration and innovation.

But of course modern typography was not the abrupt invention of one man or even of one group. It emerged in response to new demands and new opportunities thrown up by the nineteenth century. The violence with which modern typography burst upon the early twentieth-century scene reflected the violence with which new concepts in art and design in every field were sweeping away exhausted conventions and challenging those attitudes which had no relevance to a highly industrialized society.

The revolution in typography paid scant regard to the traditions of the printing industry. But we must remember that it took place at a period when the industry itself had largely lost sight of those traditions and that the revolution was carried through by painters, writers, poets, architects, and others who came to printing from outside the industry. These were men bursting with ideas and exhilarated by a new concept of art and society who were determined to make their voices heard effectively. They seized upon printing with fervour because they clearly recognized it for what it properly is – a potent means of conveying ideas and information – and not for what much of it had then become – a kind of decorative art remote from the realities of contemporary society.

●无衬线体

《现代字体排印的先锋》

（*Pioneers of Modern Typography*），

赫伯特·斯潘塞（Herbert Spenser）著

这是使用无衬线体左对齐的例子。意大利体的用法、连字符还有连接号的用法都很精准。版心整体偏右是现代风格。首行不缩进，而是空一行。

字体：Monotype Grotesque 215

BAUER
BODONI

Die klassizistische Antiqua, die Ende des 18. Jahrhunderts entstand, unterscheidet sich von den Schriften der älteren Art durch den klareren Gegensatz der fetten und der feinen Striche, durch die waagerechte Stellung der Schraffierungen und das sorgfältig ausgewogene Gleichgewicht der Zeichnung. Nach dem Vorbild von Schriften des großen italienischen Buchdruckers Bodoni wurde diese Antiqua geschnitten.

ABCDEFGH
IKLMNOPQ
RSTUVWXZ

abcdefghijklmn
opqrstuvwxyzchck

●现代罗马体

鲍尔公司（Bauer）的字体样张

这份样张使用了堪称金属活字中“最好的Bodoni”的 Bauer Bodoni 字体，是为了更好地向设计师、印刷公司展示这款字体的优点而精心制作的。采用了现代罗马体的两端对齐。上下两部分的排版、水线以及文武线的对接配合也是绝妙至极。

双语并排显示的导视标识

德国法兰克福机场

主次两个文种不是用字号，而是用罗马体与意大利体进行区分显示。这与日本大多数的导视不同，并没有主次的从属感。

字体：Univers

诗歌的排版

《圣地》（*Hallowed Ground*）

此示例并非来自国外，而是我排印的一份由19世纪早期英国诗人托马斯·坎贝尔（Thomas Campbell）所作的一首诗。诗歌的排版，要考虑到固定的行数（这首诗是六行）、吟诗的呼吸节奏以及行尾的押韵等。诗歌在易读性与形式美的和谐上都有很多特殊要求。

字体：Perpetua

HALLOWED GROUND

Thomas Campbell

WHAT'S hallowed ground? Has earth a clod
Its Maker meant not should be trod
By man, the image of his God,
Erect and free,
Unscourged by Superstition's rod
To bow the knee?

That's hallowed ground—where, mourned and missed,
The lips repose our love has kissed;
But where's their memory's mansion? Is't
Yon churchyard's bowers?
No! in ourselves their souls exist,
A part of ours.

A kiss can consecrate the ground
Where mated hearts are mutual bound:
The spot where love's first links were wound,
That ne'er are riven,
Is hallowed down to earth's profound,
And up to heaven!

For time makes all but true love old;
The burning thoughts that then were told
Run molten still in memory's mould,
And will not cool,
Until the heart itself be cold
In Lethe's pool.

目录的字体排印

书籍自不用说，商品目录、小册子甚至网站里都会有目录。与看扉页、正文一样，我还非常喜欢看目录。

对读者来说，当要寻找所需的项目时，有了目录页就非常方便。因此也理所当然地，目录页最重要的是要易懂。虽然无须故弄玄虚，但如果是优秀的设计师、操作员，在担任正文排版的同时也负责做目录设计，那么他们做出来的目录也多会将信息整理得既条理清晰又赏心悦目。反过来说，如果能把目录也做得很漂亮，那么不用怀疑，其正文排版应该也是做得很到位。这小小的目录页也能体现出对细节的追求与品位。

首先，我会注意看标题项目与数字之间的连接线。

在日本人排的西文目录里，我们往往能看到位于西文上下居中的导线（点线或者虚线）一直拉到数字的正中间（图 1）。我想这可能是照搬了日文排版的做法，用三点导点（…）去连接项目和数字。

但实际上，这对用活版进行西文印刷的我来说是难以置信的。因为以往的活版印刷里并没有导线，而需要将句点并排起来去连接项目和页码数字。因此，现在大多数的外文书里，目录的导线的高度应该与句点一样。

说到要连接项目与页码数字，大家可能会想到会用密密麻麻的细点。尽管这样能很容易看出项目之间的连接，但是导线略为显眼，有时候会显得很烦人。而像下方照片中的例子那样，要么用较大的空隙将点隔开、要么不用连线，甚至可以干脆不按普通规则、用更极端一点的做法，把项目与页码数字凑在一起等等，可以有各种各样的办法。

希望大家也可以多多尝试，努力做出能打动读者的目录页。

图 1　**IV. Across the Continent**··**134**　?

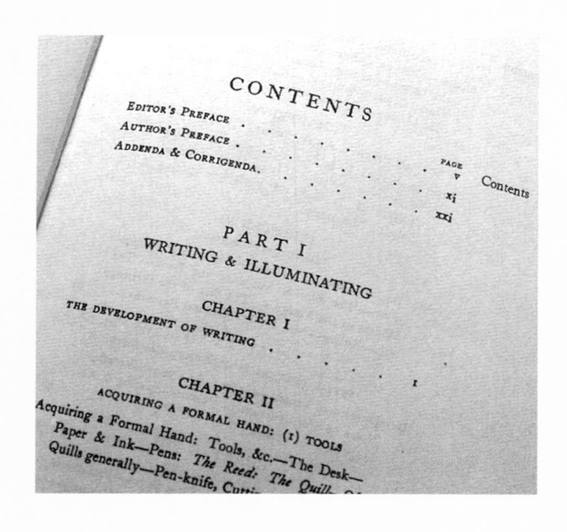
CONTENTS

	PAGE
EDITOR'S PREFACE	v
AUTHOR'S PREFACE	xi
ADDENDA & CORRIGENDA	xxi

PART I
WRITING & ILLUMINATING

CHAPTER I
THE DEVELOPMENT OF WRITING 1

CHAPTER II
ACQUIRING A FORMAL HAND: (1) TOOLS
Acquiring a Formal Hand: Tools, &c.—The Desk—Paper & Ink—Pens: *The Reed: The Quill*—Quills generally—Pen-knife, Cutti…

Inhalt

第四章

西文排版进阶

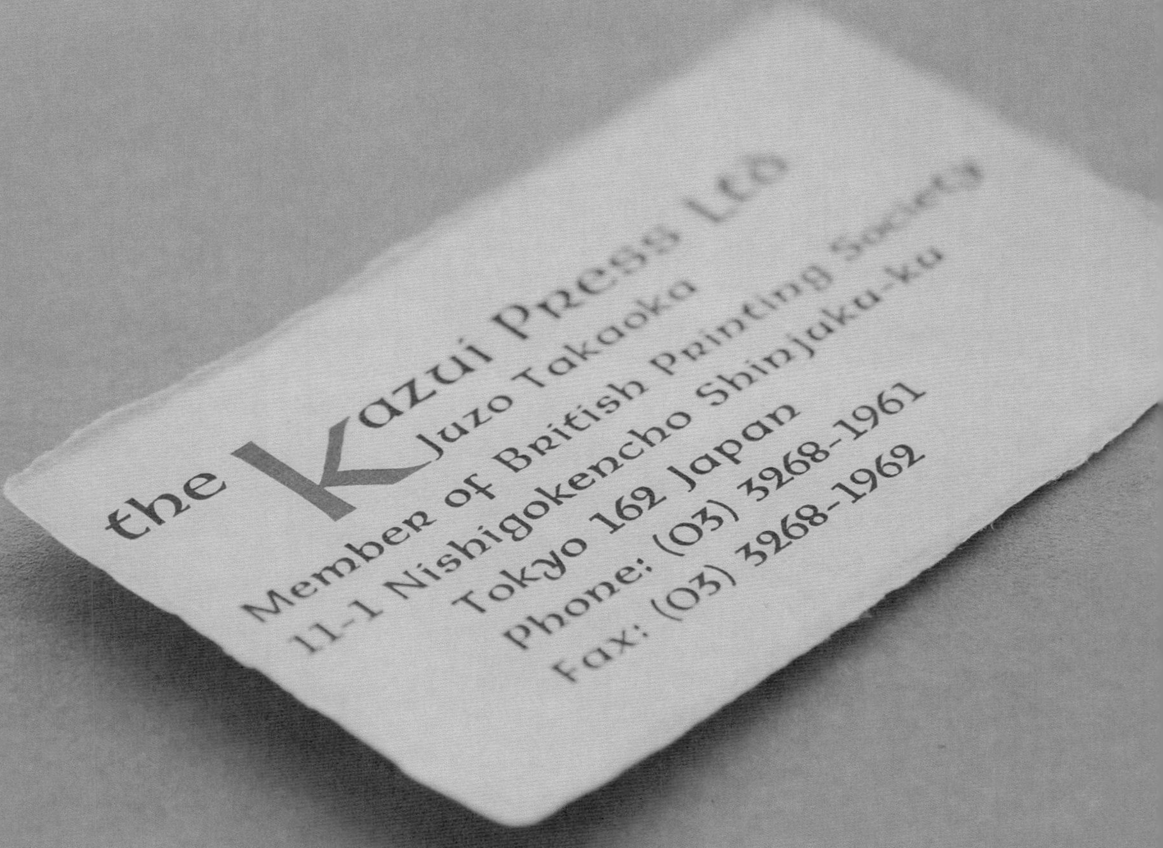

高冈重藏的名片，使用传统手写风格字体 American Uncial 进行现代风格排版的例子。大号的字母 K 采用的是 American Uncial Initial。

4-1 西文排版实践

了解办公文具的习惯与文化

前面讲解的都是一些基础的西文正文排版。但是，西文排版不仅仅是书籍、商品目录里的文章。在当代，平面设计的各种领域里都需要用到西文排版。

作为正文以外西文排版的实用案例，我在这里主要和大家谈谈名片与信纸抬头。这些物品被称作“办公文具”(stationary)。平时说到“文具”，在日本还会包括各种文具用品、事务用品、书写笔等等，而在本书中，我指的是个人或团体为了能更流畅地进行交流而使用的各种用品。用西文来制作办公文具，设计师首先必须理解欧美的习惯和文化。对这些方面的理解能让沟通更顺利。

这里很重要的一点是，在办公文具的世界里的有些做法，与以往的平面设计工作不太一样。无论是内容、使用目的，还是使用方法，获得客户的理解都是不可缺少的。制作过程中，我们还要向客户解释办公文具的文化和习惯，不能只是单方面地向顾客展示设计方案，重要的是要让客户加入，由双方一起参与，共同完成。

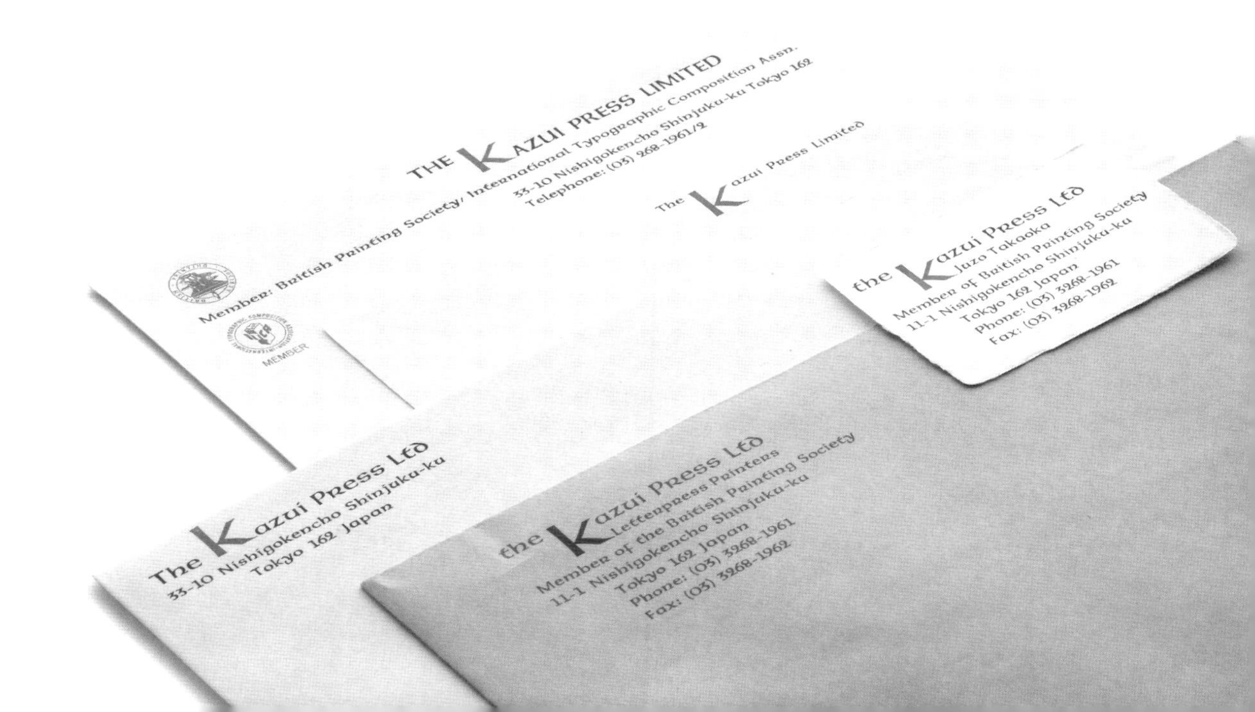

■名　片

用西文制作名片，这意味着什么？随着商务的国际化，西文名片的重要性与日俱增。但是我经常可以看见很多名片直接套用日文名片的设计，而只是把文字翻译一下而已。西文名片不是日文名片“背面的附属品”，而是站在国际舞台上用对方的语言文字进行商业活动的一种意识体现。以往就曾经发生过由于一张小小的西文名片而丧失信用的事情。请大家重新审视一下自己的名片，以及到目前为止收到过的那些西文名片。从探讨名片制作思路的那一刻起，商务交往就已经开始了。

●西文名片的种类

名片有商务名片和个人名片两种，随递交人的立场和目的的不同，内容也会有所变化，有时候还会根据不同用途预备多种名片。我们分别来梳理一下问题点。

〔商务名片〕

◎普通商务名片

这是以商务场合使用为前提的名片。设计上可以有各种各样的表现方式，但也许是因为在生意上有太多内容想表达，经常会看到有些名片里堆砌了大量的具体信息。

首先，要把最有必要的信息梳理出来。真的要写出手机号码吗？是否有必要把其他分公司的地址、商品名称写上去？这些都是需要认真考虑的问题。我知道大家想展现公司规模，想写上很多东西，但是只有简洁的名片才能呈现一种雅致的企业形象。

最近有些人找我做的商务名片时只印名字、手机号码和邮箱。只有手机和邮箱，说不定某一天突然音信全无，令人束手无策。连实际地址都不写明的人，能成为值得信赖的生意伙伴吗？

◎大企业高层管理者的名片

所谓大企业高层管理者，都是配有秘书、有独立办公室的人。可以干脆把手机号码、邮件地址都拿掉，可能传真也没有必要。地位越高，名片上的内容应该越少。一般联络都会由秘书完成，如果需要其他信息直接沟通就可以。名片设计也并不需要与公司其他职员的名片一样，就像是从统一制服换成正装，高管的名片可沿袭传统做出带有格调的设计。

◎名片版式通常需要注意的几点

我曾经看过有家人员众多的公司，名片采用从中轴线开始排的版式，一旦遇到很长的名字就很难全部摆放进去。冗长的头衔和邮件地址往往被挤压成窄体，不仅难以阅读还容易出错。

最近有很多名片为了与正面的黑体搭配，在西文一面都采用无衬线体。其中还有一些在罗马体里面夹杂无衬线体的电话号码，或者把特定的文字加粗。虽然我也理解这是想对一些信息加以强调，但结果搞得像杂乱不堪的广告传单一样，完全丧失了应有的简洁与典雅感。

所以，重要的是如何将信息正确地传达出去。如果一开始就不得不强制硬挤文字，那么问题肯定是出在基础设计上。

Ryuzaburo Hasegawa
President
CHUO INTERNATIONAL COMPANY

2-3 Chuo 1-chome Chiyoda-ku
Tokyo 100-0000 Japan
TEL:+81-3-9999-1888 FAX:+81-3-9999-1889
E-mail: ryuzaburo_hasegawa@chuo-international.co.jp
http://www.chuo-international.co.jp/

?

从中轴线开始的排版

Ryuzaburo Hasegawa
President
CHUO INTERNATIONAL COMPANY

2-3 Chuo 1-chome Chiyoda-ku
Tokyo 100-0000 Japan
Tel: +81-3-9999-1888 Fax: +81-3-9999-1889
E-mail: ryuzaburo_hasegawa@chuo-international.co.jp
http://www.chuo-international.co.jp/

靠左的排版，即使信息增多，版面也绰绰有余

Ryuzaburo Hasegawa
President
CHUO INTERNATIONAL COMPANY

2-3 Chuo 1-chome Chiyoda-ku Tokyo 100-0000 Japan
Tel: +81-3-9999-1888 Fax: +81-3-9999-1889
E-mail: ryuzaburo_hasegawa@chuo-international.co.jp
http://www.chuo-international.co.jp/

居中对齐时，由于左右都留有空间，易于排版

〔个人名片〕

◎社交用的个人名片

这种名片在日本可能比较少见，但在西方国家参加朋友聚会等私人活动时就会使用这种名片。即使是到国外出差，如果是以个人名义被邀请，就不会拿出公司的名片。就算是公司职员，也不会写公司名字。这种名片只用于私交的场合。

Mr and Mrs Masao Takaoka

MASAO TAKAOKA

左：夫妇的名片，右：个人名片

◎普通的个人名片

最近，一些离退休人士也经常会需要名片，不用写公司名称和头衔，只是用于个人交际。准备一张写有姓名与地址的名片也挺好的。比如在一面写上汉字的姓名地址，另一面的西文只写名字，看起来也很高雅。当然，如果有必要，西文部分也可以写上地址。

另外，除了商务活动以外，还有很多人以志愿者等身份参加各种社会活动，需要个人名义的名片。名片的目的是把可以使用的信息递交给对方，但是有时候也很难保证不会被恶意利用，特别是单身独住的女性需要注意。自由职业的设计师、撰稿人、钢琴手等人士可能是在家办公，因此使用工作室名义，而不标明是家庭地址也是一个好办法。

特别是对于女性，如果需要非商务的名片，我建议只写名字即可。欧美国家的女性在递出个人名片时，只在必要时才把电话号码、邮件地址手写上去，这都是确有其事的。

YOSHINO TAKAOKA
Graphic Designer

YOSHINO TAKAOKA DESIGN OFFICE
11-1 Nishigokencho Shinjuku-ku Tokyo 162-0812 Japan
Telephone +81 (0)3 3268 1961 Facsimile +81 (0)3 3268 1962
E-mail kazui@gc4.so-net.ne.jp

需要掌握的排版要点

1. 关于头衔

经常有人问：头衔是排在姓名的上面还是下面？似乎很多人会认为日文这面的头衔是写在姓名上面的，所以西文这面也应该如此。但实际上，日文面与西文面采用不同的排列方式完全没有问题。

就我所见，西文名片大多数都是把头衔写在姓名下方，然后部门名称写在头衔下方，再把公司名排在下面。这可能是由于他们认为，即使是大公司的员工，个人姓名也很重要。

另外，各项信息的大小比例也类似，姓名可以比公司名称的字号更大一些（企业标识之类另当别论）。但实际上在很多时候，也有姓名本身的字号就很小的例子。不知道大家手里的外国名片都是如何处理的。

很多人会问我头衔的英文翻译问题。虽然我一般会根据字典里的解释，或者依照日常经验进行回答，但最后还是要让客户自行判断决定。如果被问到头衔的英文翻译问题，设计师最好谨慎回答。

总经理的英文并非只有 President，在欧洲也常用 Director 这个词。日本公司里的“常务”“专务”等头衔都无法直译，“次长”这个职位是比科长小，还是比部长还大，这些都不一定。使用了不适当的英文，比如在商务谈判时，就会涉及是否有权限的问题。大公司的公司章程一般都会有英文版，所以一定要仔细参照确认，绝不能不负责任地乱提建议。

?

CHUO INTERNATIONAL COMPANY
President
Ryuzaburo Hasegawa

2-3 Chuo 1-chome Chiyoda-ku
Tokyo 100-0000 Japan
Tel: +81-3-9999-1888 Fax: +81-3-9999-1889
E-mail: ryuzaburo_hasegawa@chuo-international.co.jp
http://www.chuo-international.co.jp/

Ryuzaburo Hasegawa
President
CHUO INTERNATIONAL COMPANY

2-3 Chuo 1-chome Chiyoda-ku
Tokyo 100-0000 Japan
Tel: +81-3-9999-1888 Fax: +81-3-9999-1889
E-mail: ryuzaburo_hasegawa@chuo-international.co.jp
http://www.chuo-international.co.jp/

CHUO INTERNATIONAL COMPANY

Ryuzaburo Hasegawa
President

2-3 Chuo 1-chome Chiyoda-ku
Tokyo 100-0000 Japan
Tel: +81-3-9999-1888 Fax: +81-3-9999-1889
E-mail: ryuzaburo_hasegawa@chuo-international.co.jp
http://www.chuo-international.co.jp/

根据设计要求，公司名称可以与姓名分开排列，放在姓名的上面，或者放在地址的上面。

2. 先姓后名，还是先名后姓？

以往有很多人理所当然地以“先名后姓”的顺序书写，但最近也有意见说，应该以原本语言的习惯按“先姓后名”书写。

MASAO TAKAOKA or TAKAOKA MASAO

中国多是按照“先姓后名”的顺序书写。当然最后还是要看使用者本人的想法。如果问我的话，我还是会推荐“先名后姓”的方式。对一般习惯“先名后姓”顺序的外国人来说，在接到名片的那一瞬间，他们大多会以为是“先名后姓”。即便是在递名片的同时进行过自我介绍，也不会被长久地记住。客户回到公司以后，面对不习惯的日本人姓名，几乎是无法单靠拼写去判断哪个是姓哪个是名的。

好不容易做了西文名片，却让人把姓名给记反了，您不觉得很亏吗？如果一定要按照“先姓后名”的顺序书写，可以在姓的后面加一个逗号表示这个词是姓——不过，这一般是花名册等“按姓氏排序”时使用的方法，用在名片上是否合适，要打一个问号。姓名里额外出现了逗号这样的元素，感觉也很奇怪。把姓全部大写，名则用大小写字母组合排版，这样可以明确地表达出哪个是姓。不过有些字体排出来会显得强弱对比过于强烈。

Takaoka, Masao

TAKAOKA Masao

Takaoka Masao

还有一个方法，就是像左图这样用小型大写字母。这既可以缓解单纯大写的压迫感，又可以明确表示出姓氏。

3. 地址应该怎么写？

西文这一面的字是给谁看的呢？除非对方是日本通，否则单看用西文写出来的地址就能读懂当地的情况是非常罕见的。也就是说，西文的地址，其目的顶多也就是让人照抄下来用作写信地址用而已。如果过分讲究，只会让投递员困惑不已。如果不知道怎么写，最可靠的方法还是到当地的邮政局询问最通俗易懂的写法。

需要注意的是，有时候行政区划的官方写法和邮局的写法不一定相同。日本和中国的“市”“区”翻译成 City 也很奇怪，因为有些国外的 City 与日本的行政区划并不一样，还不如直接用拼写作 -shi、-ku。东京都、大阪府、千叶县等行政区不必加 -to、-fu、-ken，而直接写 Tokyo、Osaka、Chiba 就可以了。

街区的写法也是以易懂为原则。顺序是路名号码、街区名、区名、城市名、邮政编码、国名。

比如，东京都千代田区丸之内 1 丁目 2 番 3 号，写成：

2-3 Marunouchi 1-chome Chiyoda-ku Tokyo 100-0000 Japan

这是最常见的顺序，不过也可以写成：

1-2-3 Marunouchi Chiyoda-ku Tokyo 100-0000 Japan

后面一种方法的字数更少，所以长地址可以用后者。

大厦、楼房等建筑物的名字、房间号码等内容一般写在街区的前面。如果只是书信，只写房间号码也是可以寄到的。如果比较难懂，请与当地的邮局确认一下。下面只是一些常见的例子。

“某某 Palace”这样的公寓名称直接写成西文，很容易被人误解成“宫殿”或者“豪宅”。

Central Palace 101, 2-3 Marunouchi 1-chome

加上逗号，明确分开。

Central Palace 101
2-3 Marunouchi 1-chome

换行，把建筑物名称独立出来。
换行处不加逗号。

Central Building 2-3-601 Marunouchi 1-chome

有时也可省略写成为 Bldg.。

2-3-101 Marunouchi 1-chome

省略掉建筑物名称。

4. 有必要加逗号吗？

我们经常可以看见在写地址时在可断开的每个部分都打一个逗号，或者在行末也加一个逗号的情况。这些逗号有必要吗？

11-1, Nishigokencho, Shinjuku-ku,
Tokyo, 162-0812, Japan ?

其实，只要是大小写字母组合拼写，在什么地方断字本来就一目了然；即使采用纯大写的字体，只要加了空格也能看清楚。

与其到处加逗号，还不如在真正需要的地方加逗号，这样才会有最好的效果。

5. 国名要全部大写？

是写成 JAPAN 还是 Japan？其实两种写法都不算错。据说在邮寄地址的写法上，为了明确表示国家名字，可以全部大写。这种写法虽然没错，但是如果其他地方是大小写混合排版，国名却只用大写未免过于突出。绝大部分人都会知道 China、Japan 是国名。只要不对实际业务产生影响，国名省略掉也没有关系。

11-1 Nishigokencho Shinjuku-ku Tokyo 162-0812 JAPAN ?

6. 连字符前后稍微加一些空白!

这是一个细节。在地址编号、电话号码中，有时候数字与连字符黏结过紧，会使得前后看起来不均匀。只要稍微用心调整一下，它立刻就能变得更为易读。

数字 1 的前后与其他数字相比往往会带有更多的空白,加上连字符,其前后会显得距离过大。如果连字符前后的数字看起来要黏结到一起,可以以 1 为基准调整，让排列显得更舒服一些（参见第 107 页）。在国外的名片里，电话、传真号码有时不用连字符而用空格。

另外，如果希望从国外接收电话、传真，还要在前面加上国家代码。[81 是日本的国家代码，+ 或 (0) 等可以省略。]

日本国内号码,比如 03-1111-2222 则应写作 +81(0)3-1111-2222 或 81-3-1111-2222。

7. 哪一种是正确的?

电话的写法	Telephone　Phone　phone　TEL
传真的写法	Facsimile　Fax　fax　FAX
手机的写法	Mobile　Mobile phone
邮件的写法	E-mail　E-Mail　e-mail　Email　email
网址的写法	URL　Internet

以上写法各式各样、五花八门，并没有对错之分。从设计的角度考虑，如果字数不足，可以全部拼出来，写成 Telephone、Facsimile。这时最好不要只单独拼出一项，而要两项保持一致。网址可以直接从 http 或者 www 开始写而不用加任何项目名称，有时连 www 也不用写。

另外，如果地址部分用大小写混排，TEL、FAX 却全部用大写字母会显得过于刺眼。是全部大写、大小写混排，还是全部小写，最好做一下统一。

●关于名片的字体

对于商务名片，只要是能把公司、业务内容清楚地反映出来的字体，都是可行的，并没有什么限制。而传统的社交名片，使用正统的铜版雕刻类的字体最为适合，“铜版哥特体”（Copperplate Gothic）、“铜版手写体”都属于这一类。

COPPERPLATE GOTHIC

Palace Script

Nicolas Cochin

PRESIDENT

◎至今依旧常用的 Copperplate Gothic

在当年街头巷尾还有很多活字印刷的名片的店铺时，日文名片的经典字体是接近手写的楷体，而且要竖排才算正式。

而在欧美，铜版雕刻类的 Copperplate Gothic 作为最具正统的办公用品用字体而广受欢迎。这样的名片传到日本之后，日本的活字公司争相制造，名片店也会推荐说，西文名片就用 Copperplate Gothic。其实当时的一些街头名片小店不可能配备多种西文活字字体，也没有理解其中的含义，就直接那么用了。

尽管 Copperplate Gothic 在当今的欧美依旧很受欢迎，但是由于这款字只有大写字母，有时候没办法排邮件地址。而且日本的地址往往较长，会占用很多横向空间。在信息量逐渐增大的今天，该字体在使用上越来越不方便。

◎试一下小型大写字母吧

即便是普通的字体，如果能把小型大写字母用好，也能给人以典雅的感觉。小型大写字母排版的关键在于字距。只要将字距稍微拉大一些，高级感就会油然而生。

另外，Copperplate Gothic 这款字虽然只有大写字母，但是换下字号，按照小型大写字母的用法，也可以用来排地址。

MASAO TAKAOKA
PRESIDENT
THE KAZUI PRESS LIMITED

11-1 NISHIGOKENCHO SHINJUKU-KU TOKYO 162-0812 JAPAN
TEL: 03-3268-1961 FAX: 03-3268-1962

11-1 NISHIGOKENCHO SHINJUKU-KU TOKYO 162-0812 JAPAN

名片往往会双面印刷，一面印汉字，一面印西文。既然是双面，说到底还是有一面算是“背面”的。在外国的重要客户面前，把“背面”翻出来好不好呢？所以，最好还是另外单独准备一张西文的名片。

信纸抬头

在公司成立、搬迁、重建时，与名片同时设计的还有公司抬头的信纸、信封。

东亚都有用便笺的习惯，但是单纯把这种习惯替换成使用西式的信纸，作为国际交流的物品来说是不够的。信纸的制作方法固然很重要，但更需要理解的是我们应该提出包括使用方法在内的一个整体方案。这样才能更为自信地推荐给客户。

用刻印有徽章的火漆

像这样用于封住信封

书信具有悠久的历史传统。信纸抬头，早在“设计”“设计师”这些概念诞生之前就已经存在。在以古代欧洲为时代背景的电影里，我们可以看到这样的场景：用羽毛笔写好的书信放进信封形状的纸里，然后滴上蜡封好，再用刻有家族徽章或者名字首字母的戒指按下。这种做法叫“火漆”（即封蜡），请先记住这还与信封形状有着密切的关系（参见第 151 页）。

在很久以前，能用文字进行信息交换的，只限于一定高级阶层的人们之间。权贵富商们用书信交换信息时，为了显示权威，会采用高品质的纸张，递送的书信也别具匠心。

当时的抬头信纸使用铜版（凹版）印刷。铜版印刷是一种非常费时费力的方法，因此具有高级感，而且由于需要精湛的雕刻技术，还有防伪效果。后来平民阶层开始书信往来之后，虽然出于更为简易、廉价的需求，抬头信纸改成了活字印刷，但依旧偏好使用传统的铜版雕刻类字体，就出于此因。

在欧美，直到近年传统的铜版印刷的信纸还十分常见。即使印刷方式变成了平版的胶印，设计变得简洁，依然有很多是沿袭了铜版印刷时代的图案和字体。抬头信纸改由设计师负责之后情况已发生了很大变化，但是传统的字体和版式依然存在。

用铜版印刷制作的传统抬头信纸

◎信纸尺寸

日本、欧洲常用 A4 标准（210 mm × 297 mm），而在美国，美式尺寸（8.5 inch × 11 inch，约合 216 mm × 279 mm）则更为普及。

◎使用方法

尽管通信技术已如此发达，但国外的公司首先会考虑做好一整套办公文具。即使是近在眼前的大厦，初次访问前预约仍要用书信，之后联系才会用电话、传真、电子邮件。只要是互相认可的方式就没有关系，但是首次联系要从写信开始。另外，正式的抬头信纸还可用于合同。

◎纸张的选择

一般会使用一种叫作“证券纸”（bond paper）的带有水印*的文具用纸。证券纸原本只是用于证券、合同、公证文书的一种高级纸张。但后来，由于一定档次的通信对纸张品质也有需求，一些商务场合也逐渐开始使用证券纸。使用不带水印的纸张并不算是违规，但我并不推荐。不过如果要信用至上、遵照传统习惯，则还是需要带水印的纸张。

信封也要用同一品牌的纸品。单对信纸精益求精，却使用普通公司事务用的信封反而更不礼貌。如果有与文具用纸同样品牌的现成品，就可以直接拿来用；如果没有，则要选比文具用纸稍微厚一点、颜色相同的信封纸来制作（有些信封纸也可能没有水印）。

如果使用同样的文具用纸制作一些赠条（参见第 150 页），可能还可以节省纸张和印刷费用。

虽然最近已经比较少见了，其实还可以使用轻量实用的“葱皮纸”*。邮政规定书信（特别是航空邮件）是按照重量计算邮费的，张数一多也会占用很多的经费，所以会有人用“葱皮纸”来制作薄而不透、又有手感的信纸。

文具用纸的名称有时候会分“条纹纸”（laid）、“皮纹纸”（vellum）、“布纹纸”（wove），这些代表纸张不同的质感：“条纹纸”的四角竹席花纹其实源自当年手抄纸的工艺；vellum 原指小牛犊的皮，这里用来称呼类似质感的纸张；而 wove 意为纱网网眼，这种纸可以令人感觉到造纸时细密的金属网眼。

* 水印（watermark）：造纸厂商把厂商名称、产品名称、Cotton 100% 这样材质含量等信息图文抄洗进去作为一种品质保证。另外还可以将个人徽章、公司名称等内容做成水印。这种私人水印是最高级别的产品，但是既费力又昂贵，现在一般可以在国际性大企业、连锁酒店等处看见。

* 所谓“葱皮纸”（onionskin），是指像干燥的洋葱皮那样薄、质地洁白且具有细纹的纸张。

◎页纸的做法和用法

“抬头信纸”这个词可能大家都知道，“次页纸”（second sheet）一词鲜为人知。抬头信纸也可称为“首页”（first sheet），只能用于第一页；而从第二页之后，第三、第四页等都用的是这种次页纸。

如果完全确信只出一页纸的则另当别论，但如果把首页纸两三张叠用是不规范的。如果被要求设计抬头信纸，那么请一定推荐客户要同时制作次页纸，而且要强调这是按国际惯例取得诚信所必需的物品。

次页纸在设计上没什么规定，大多数是沿袭首页的部分设计，把地址、电话号码删掉，只留下公司名称和标识。留下公司名称和标识的意义在于，即使信纸散开也能一眼判断出是出自哪个公司。

◎赠条的做法和用法

日本很少会用赠条（compliment slip），但是配备之后会非常方便。当内容不足以填满整张 A4 纸，既不是什么正式的文件，也不是备忘便条那样随意的东西时就可以派上用场。退还资料的时候附加一句道谢，或者赠书、送礼时写上一两句话等，实际上赠条的使用场景非常多样。

赠条在设计上做成和抬头信纸的首页、次页一样也行，完全不一样也没有关系。不过既然要做，我还是推荐能采用统一的设计，在某处加上 With the compliments 几个词*。

＊也可以写成如下方式：
With the compliments of the author
With compliments from Juzo Takaoka
With my/our compliments。

赠条的尺寸虽然没有规定，但最好是容易放入信封的大小，比如 A4 尺寸的三分之一（210 mm × 99 mm）等，这样可以直接放到信封里去，非常方便。

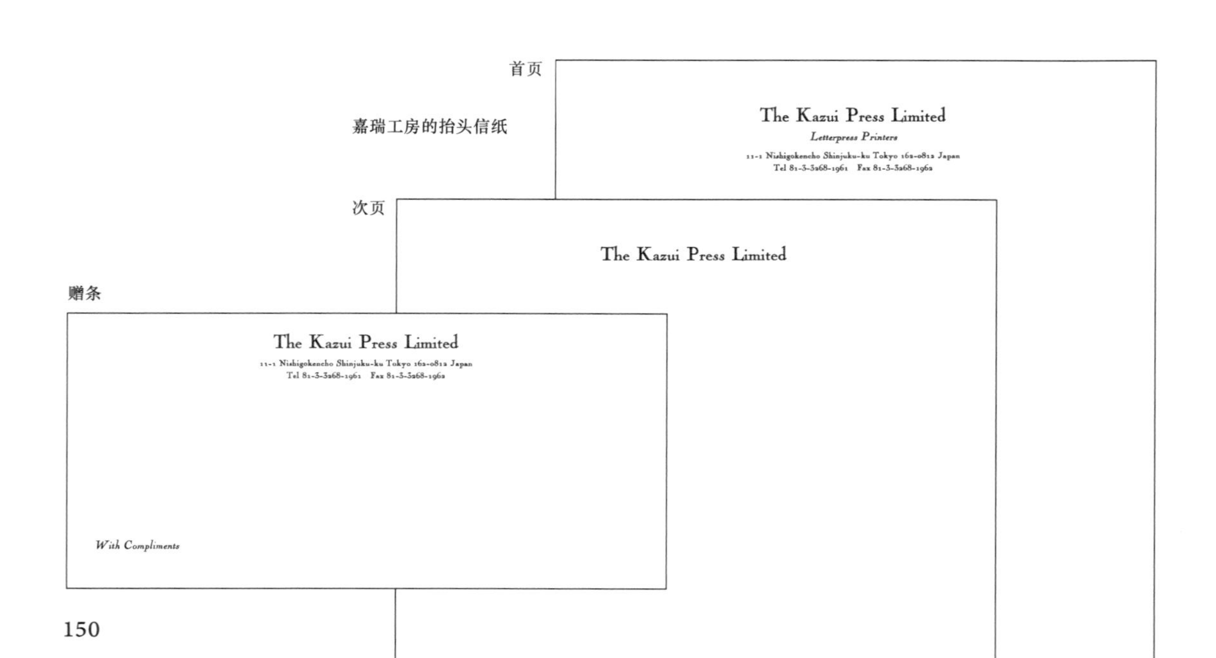

◎信封的制作与使用方法

如果是商务信封，记载内容可以与首页完全相同，必须有公司名称、地址。至于其他信息（电话号码、网址）是否有必要写，可以与客户讨论决定。

如果是个人使用，必须有地址，不写自己的名字可让全家人共用，当然这种情况下姓名就需要手写。电话等其他个人信息，看里面的信纸首页就会知道，所以不用写到信封上。

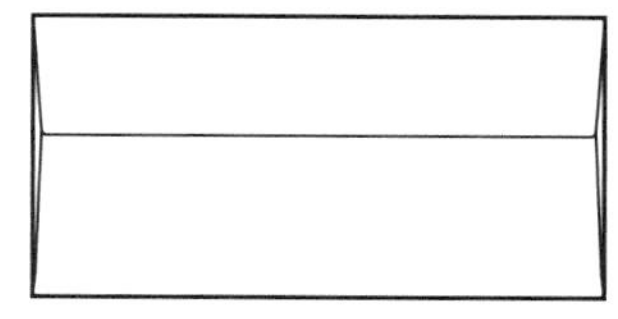

长边开口法

关于信封的形状，商务用途一般使用封口为长方形（长边开口法）的信封。另外也有封口为三角形（菱形贴法）的信封，这能给人传统、正式的印象。

四边带有红蓝相间条纹的航空信封最近已经很少见到了，现在用可能会有种新鲜感。

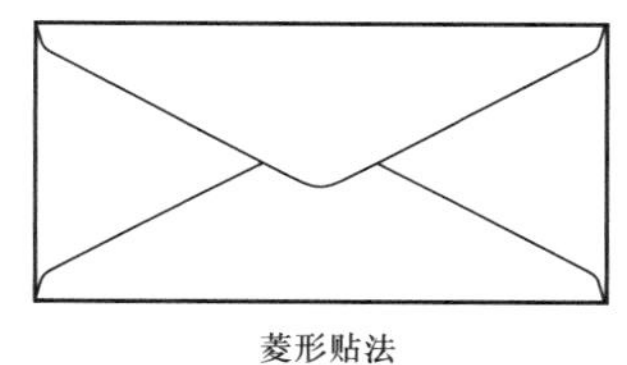

菱形贴法
展开以后为菱形

以前由于没有现成的信封，因此会把信纸直接折叠起来，或者拿一张稍大一点的纸包起来，四边顶点折到中心再加盖火漆。这是为了防止信封被随意拆开，如果火漆裂开了就会知道用人在送信途中打开信封读过，或者信件被调包。现在使用火漆的传统几乎不存在了，只留下了菱形贴法的做法，之所以说这种做法较为传统，就是这个原因。

长边开口法之所以普及，是因为开纸方法比较经济。如果有足够预算，又不想用现成制品，我还是向大家推荐菱形贴法的信封。

◎设计时需要注意的要点与比排版技术更重要的要点

在设计师设计的物品中，抬头信纸是唯一一件属于未完成状态的作品。其主角应该是之后在上面写出来的文字。抬头信纸是承载用心书写的一个文字容器，高品质的纸张与精美却不张扬的设计，会帮助你给收信者带来舒畅的心情。

过于占用空间的设计，会挤压写字的空间。而且，上部印有公司名和地址时，如果没有正文，在上方稍微留一些余白似乎能显得更平衡，但其实当空白处写入很长的文章后，上方的空白就会显得很不自然。所以应该把公司名称和地址的位置稍微往上提一些，这样实际书写内容后整体才会比较平衡。抬头信纸并非设计后就完成，而是在写完书信、对方阅读完之后才算是最后完成使命。

■ 邀请函与证书的世界

在日本，设计师可能很少被要求只设计邀请函、文凭与证书（奖状）。这些设计往往是与其他物品一起完成的。“产品图录、海报都做过，但是邀请函、证书就很少碰到”——大家是不是会抱着这样忐忑的心情并且凭感觉设计呢？西文的邀请函和证书有其自身的传统和习惯，在设计之前一定要认真理解。

接下来，我将带领大家进入邀请函与证书的世界。

●邀请函的排版

近年来，外国公司不断进入日本，因此在日本国内制作招待会、酒会邀请函的机会也逐渐增多。邀请函的风格有很多种，有一张纸里日英文并排的方法，也有在西文的邀请函里夹一张日文邀请函的方法，还有反过来在日文邀请函里夹一张西文邀请函的方法。

邀请函的首要目的，当然是要正确地传达日期、场地等信息。它还有一个重要作用是，让人在收到邀请函时，能联想到身着正装优雅地出席宴会的场景。尽管排版也很重要，但更要注意邀请函整体的设计表现。

根据酒会等活动的举办性质，邀请函大致可以分为正式、半正式和非正式三类。

◎正式场合

正式的宴会（包括商务场合）、婚礼的邀请函，需要选择符合传统的排版方式和字体。

传统的排版方式是居中对齐。文章的改行位置也与常规的不同。通过把 to、of、and 等单个单词列为一行等方式，调整各行长度的强弱节奏，可以将整体比例更美观地展现出来。

对于内容用语方面，以前还会分英式、美式，带有传统的文章以及特征性的排版，现在也可以看到很多自由形式。但是，这并不是说传统完全不存在了。如果是遵照客户的意愿进行自由的形式变化是可行的，但是在了解传统的基础上进行改动，与不知所以地随便乱排是有很大不同的。针对各种风格的基本特征，大家至少要把握一些简单的倾向。

Mr. and Mrs. A. J. Lawrence
request the pleasure of the company of

....

at the marriage of their daughter

Mary Ann Lawrence
to
Mr. John William Robinson

at St. Mary's Church
12, Azabu Minato-ku Tokyo
on Saturday, 27th January 1973
at 1:00 p.m.

Reception at
The Oak Room
Imperial Hotel
Tokyo

R. S. V. P.
246-8042

一般来说，英式风格会对各行的字号按照重要程度加以强弱区别，而美式则不会区分。时间的写法也不一样。英式通常写作 7:00，而美式写作 Seven o'clock。上图中的日期采用序数词（1st、2nd、3rd、4th……）这可以说是公文、邀请函的风格。虽然平时的文章里也能见到，但一般只是写数字而已。有些书里会提到，在国际礼仪中，正式的邀请函的日期与时间都要用单词拼写出来，但实际上邀请函的风格非常多样，具体的写法还是要与主办方确认。

经常会有人问“便装”怎么翻译，其实不用写 Business suit，而应该用 Informal 之类的词。

R. S. V. P. 是“敬请赐复”的法文 Répondez s'il vous plait. 的缩写。这句话可以算作手写体排版中容许用大写字母排版的例外。极少情况会看见写作 R. s. v. p.，这是更古典的写法。

7:00 英式

Seven o'clock 美式

写有着装要求时，通常只针对男性。一般认为女性参加宴会都会自行把握分寸，主办方强制对女性提出着装要求是不礼貌的做法。

Palace Script

Diane Script

CHEVALIER

Nicolas Cochin

Roman Shaded

Wedding Text

Perpetua Italic

在多数情况下，相较于独创性，邀请函的设计应该优先考虑传统和格式，所以与客户一起讨论各种语句措辞都是非常重要的。如果需要正确的知识，请查阅国际礼仪方面的书籍。

在字体的使用方面，尽管不是非常易读，但也应选用 Palace Script、Diane Script 这些优雅的铜版雕刻类的字体，以及体现流畅书写感的手写体。

有些手写体类字体不能用全大写字母排版，因此遇到像 UNESCO、HNK 这类必须大写的缩写词时，可以改用 Chevalier、Nicolas Cochin、Roman Shaded 等字体。如果是婚礼，还可以使用 Wedding Text 等。

另外，像 Perpetua Italic 这类意大利体，也能给人以手写的印象。

Mr. and Mrs. Roger Heywood Parkington
request the honour of your presence
at the marriage of their daughter
Denise Marie
to
Mr. Alfred B. Richardson

使用 Roman Shaded 排版的邀请函（部分）

Bernhard Schönschrift

Linoscript

Mistral

COPPERPLATE GOTHIC

◎半正式场合

像公司的新品发布酒会这样，既想营造一些轻松气氛，又要保持高级感时，要使用与正式场合一样的传统字体和排版，也可以用手写体类的字体进行左对齐排版。

字体选择方面，可以考虑趣味手写体类的 Bernhard Schönschrift、Linoscript、Mistral、Copperplate Gothic 等等。

Park Avenue

Bernhard Modern

Locarno Italic

Bauer Bodoni

◎非正式场合

此类邀请函可以采用大胆的版式和字体，但是无论如何，毕竟是邀请他人，格调是很重要的。

可以采用 Park Avenue、Bernhard Modern、Locarno Italic 等字体，或者干脆用 Bodoni 会很不错。

◎邀请函的规格

最常见的是用能放入标准信封的单张卡片或者对折的卡片。可能的话，信封和卡片采用同一类别的卡纸会更典雅。把办公专用纸折成四分之一大小，会令人觉得更用心。

在选择信封时，我还是建议大家不用长边开口法，而是选用封口为三角形的菱形贴法信封（参见第 151 页）。企业举办的酒会可能会有普通长边开口法的信封，但如果是要体现高端的私人邀请，菱形贴法的信封会给人更正式的感觉。正面写上公司名称和地址会感觉过于商务，如果要体现高端或者私人邀请用，可以将其改印到封口上。

单张卡片、对折卡片可以加印彩色的标识、公司名或者首字母，如果再施以凹凸、烫金工艺，不仅可用于邀请函，还可以用于感谢信等多种场合，可以多准备一些。

婚礼的邀请函，可以先装进比标准小一点的、不带装饰的信封，或者带有首字母的信封里，邮寄时再装入标准信封，这样会显得更郑重，这种做法叫“双封法”（double envelope）。传统上，邮寄用的标准信封外要印上新娘父母的地址，现在也有印上新郎新娘、宴会主人、主办者等发信人信息的。印刷要以银色为基调，但也有用灰色的。

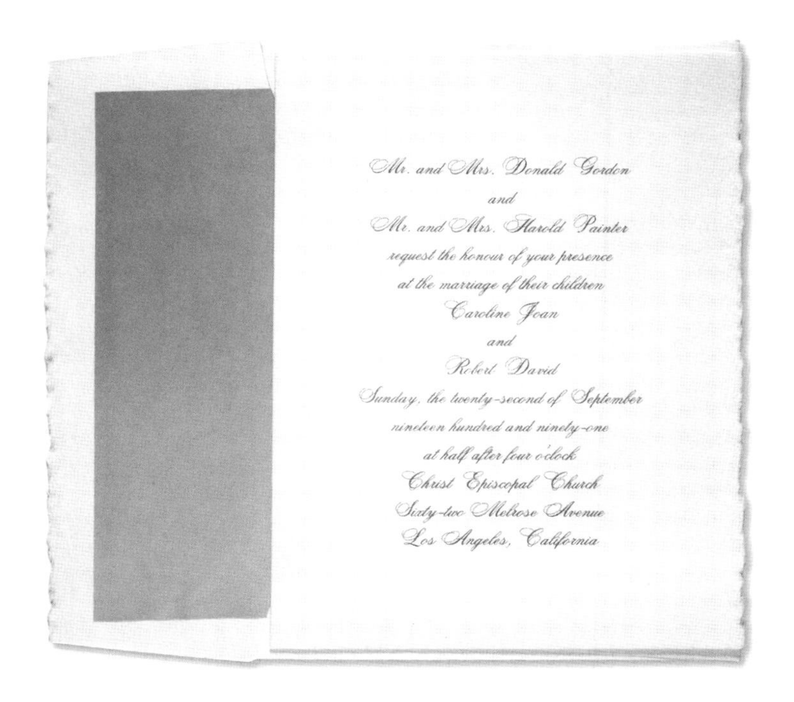
Mr. and Mrs. Donald Gordon
and
Mr. and Mrs. Harold Painter
request the honour of your presence
at the marriage of their children
Caroline Joan
and
Robert David
Sunday, the twenty-second of September
nineteen hundred and ninety-one
at half after four o'clock
Christ Episcopal Church
Sixty-two Melrose Avenue
Los Angeles, California

用灰色印刷的邀请函和信封

●文凭与证书

文凭（diploma）有奖状、证明、感谢信、带学位的毕业证书等，而证书（certificate）可以分为认证、证书、不带学位的结业证书等等。

单说文凭、证书，可能大家会觉得有些陌生，但是最近很多文化学习班、讲座课程的结业证书、资格证书，人们已经不会用传统的奖状样式，而更多希望采用西式的证书样式。

在谈具体的设计之前，我们先来谈谈东西方文凭与证书的不同思路。

◎文凭与证书堪称设计的评判会？

想必大家在学生时代都有拿过毕业证书、奖状的经验吧。有些人会将其裱框后挂在房间里，不过也有很多人可能就那样直接留在卷筒里再也没拿出来过。

在西欧，这些文凭、证书作为自己通过努力获得成果的一种证明，会被挂到书桌旁的墙壁上。大家也经常会在电影、电视上看到他们把奖状证书与自己家人的照片、大学运动队友的照片摆放在一起的场景吧。

这样一来，暂且不论奖的内容，摆在一起的各种证书奖状简直就像是一场设计的评判会。有些本来不是什么大奖，奖状倒是很华丽；而有时候自己辛辛苦苦考下来的课程拿到的结业证，看起来反而很寒酸。所以，授予证书的一方也会想把证书尽量做得华丽、高级一些，在设计、加工方面花上不少工夫。

◎文凭与证书的设计

经常会有人问：证书有固定格式吗？其实，西文的证书并不像我们的奖状那样有固定格式。设计、纸张、尺寸也是多种多样。很多人还会偏好使用毛边（未加剪裁）纸张，但遗憾的是，在日本很难买到能适用于西文奖状的纸张种类。

谈到设计特点，一般来说，从上到下分别是团体组织或企业的标识或徽章、团体名称、公司名称、奖项名称、获奖者姓名、获奖理由、颁奖日期、颁奖方负责人的签名（手写），然后下面是其职位。排版风格上，出于和邀请函一样的理由，多为居中对齐。

负责人手写签名下方会画一条直线或者虚线。尽管这并非必须，但画出来可以当作签字位置的提示。签名往往会过于华丽潦草而难认，最好再印一遍其姓名和职位。如果发证者的签名为两人以上时，要左右分开或者上下排列。姓名、职位的空间需要稍微往下排一些，这样手写签名之后空间才会比较平衡。

President His Royal Highness The Prince Philip, Duke of Edinburgh KG, KT

London,

I have the honour to inform you
that you have been elected a
Fellow of the Royal Society
for the encouragement of Arts,
Manufactures & Commerce.

Director

Juzo Takaoka *Letterpress Printer*

Certificat
de
dégustation

Je soussigné/ Akira TOTSUKA/ certifie que

Monsieur Juzo Takaoka

a participé le 13 Mai 1981 à Tokio
à la dégustation des vins référencés ci-après:

uve Clicquot Ponsardin (Brut) Rosé/ Champagne 1973
Perrier-Jouët/ Champagne 1973
Krug (Brut)/ Champagne
Château Latour/ Pauillac 1966
Château Petrus/ Pomerol 1969
Château Mouton Rothschild/ Pauillac 1962
Château Mouton Rothschild/ Pauillac 1945

En foi de quoi le présent certificat a été établi.

Akira Totsuka

证书类的常用字体，往往会根据奖项性质、颁奖企业团体的不同而不尽相同，除了铜版雕刻类字体，还可以用手写风格的字体。在西方，把亲手誊写的东西赠予对方也是一个传统原则。顺便说一下，诺贝尔奖的奖状全部都是手写的。

◎避免打印机输出

虽然不是排版的问题，但是在这里写一些我向客户提供的建议，供大家参考。

虽然奖项有不同性质，但一般来说证书与奖状的张数都很少。因此，我最近会看到一些用打印机输出的奖状。尽管打印机的精度在不断提高，但内行人一眼就能看出来。我还是建议大家尽量去找专业印刷厂印刷。使用打印机打印，不仅导致墨色可能会有褪色、剥落、晕出的问题，更要紧的是无法体现出制作的诚意。简单制作出来的东西感觉就很随便。

如果不是一次用完的设计，就可以把几年的分量放到一起印制，这样单价还能便宜一些。把标识和通用的语句预先加工印刷好，获奖者姓名、日期可以留到后面印刷或者手写，也可以压缩经费。

4–2 面向设计的各个领域

接下来，我想具体谈谈在各种设计领域里西文排版的知识能起到什么样的作用。我并非下述这些领域的专家，因此只是从西文排版规范的角度写一些个人感想。

●文字标识

ISHKAWA ?

把A的横画等这些字母笔画直接省略掉的做法现在十分常见。另外，似乎是为了让标识更有整体感，设计师有时候也会将相邻字母的竖画加以省略、结合。但是这样随意拼凑，难道就不怕引起误认吗？这样的结合是不是最佳选择？如果连原本是什么字母都无法传达出来，就毫无意义了。国外虽然也有同样的例子，但仔细看一下那些做得好的设计（下面的照片），省略掉的部分与其他字母之间的平衡都处理得很好。能看得出，设计师为了不让省略部分出现不自然的空间而下了一番功夫。我并不是说省略、结合本身不好，重要的是整体的平衡感。

另外，有时候在印名片时也需要放入一个小小的标识。本来看起来设计挺好的一个标识，有时候在被缩小之后，会令人觉得品质大幅降低。具体来说，图形里如有纤细的线条和文字笔画，在小尺寸下就会全部糊掉而无法认读。因此，设计师在设计标识时需要根据不同尺寸和用色数量，准备若干个版本。在小尺寸的标识里，使用过于复杂的图案和颜色，从印刷的角度来看就很不合理。

维多利亚与阿尔伯特博物馆（Victoria & Albert Museum）的标识

广告与包装中的西文排版

为了展示商品形象，广告、包装的设计里最重要的就是要吸引人们的眼球。这些设计不要拘泥于书籍排版的习惯，而需要自由的想象和大胆的用法。但是，本书到目前为止介绍的字体史和排版的内容，对广告、产品包装的设计应该也有参考价值。

比如说，如果有铜版雕刻类的字体、小型大写字母、旧式数字的知识，那么在要表现高端、传统形象时，就能有更多的设计选项；有了字体知识并了解使用方法，就能创造出更多表现的可能。

商品包装设计中，有一种常见的做法就是在商品标识下面用西文写一句广告词。或许是为了给予强大冲击力，有时候也有连续好几行都用大写字母，或者用特粗的意大利斜体的例子。请认真考虑一下，这种排版方法到底是否容易阅读。千万不要忘记读者的存在。另外，还有把西文的文章放到设计背景里排成像纹理一样的做法。这样的设计也许是为了展现整体形象，但是文字毕竟不是花纹。如果换作汉字，难道不觉得会过于杂乱而无法给人以良好印象？凡是作为文章排出来的东西，我还是希望大家能够以容易阅读为前提进行版式设计。

当然，海报也是一样的。通告等部分，只要是有一定字数的说明文字，还是需要以书籍文字排版的方式去做。

在导视系统中的应用

我们在建筑建筑物、会展现场的导视系统里也经常看到西文，有时候是双语并排，纯西文的标示也逐渐增多。我们经常能看到一些地方，可能是为了要把文字硬挤到有限的空间里，而对字母进行强行挤压变形，或者把字做得极度细小，我实在是怀疑设计师到底有没有考虑过读者的感受。

大家应该认真思考一下导视系统原本的目的，根据建筑物的氛围并结合功能性，来制作舒适的西文排版。

用于导视系统的字体，要符合目的与氛围自不用说，最好能尽量挑选字体家族丰富、品质优良的产品。近年的数码字型中，有很多字体会预先配有小型大写字母、旧式数字等字形。灵活运用好这些功能，我们就可以针对不同导视信息的层级，将其分配到不同的排版样式中去。

在此，举一个我所考量的西文用法的例子：根据建筑物的规模、使用场所、重要性与用途的不同，导视牌可以运用不同的排版样式。第一点是最重要的，之后按照第二、第三点的顺序，重要性逐渐降低。

一、全部大写：主要的公司名、建筑物名。

二、首字母大写，之后跟小型大写字母：如果是公司，则可用在董事办公室、礼堂，如果是博物馆、餐厅等，则可用于与主体建筑不同系统的配套设施等。

三、全部小型大写字母：如果是公司，则用在销售总部等重要部门；如果是博物馆或者餐厅，则可用在内部导视中重要程度较高的地方。

四、首字母大写，之后跟小写字母：公司里销售部等一般部门；如果是博物馆或者高级餐厅，则用在内部的普通导视项目中。

五、全部小写：仓库、书库等对外重要性较低、没有必要引起注意的地方等。

使用了小型大写字母的伦敦市内导视牌

另外，在数字的用法上，如果是在需要正确判读的地方用等高数字，需要有装饰感、高级感的地方则用旧式数字，按照这样分开处理就很好。或者如果是美术馆，用上格调高雅的罗马数字也会有不错的效果。

网页设计

曾经有网页设计师问我针对网页字体的问题，以及有没有我认为较好的排版实例。

网页技术的进步日新月异，而读者使用的操作系统、浏览器、显示器等环境都不尽相同，不像纸质媒体那样排版是固定的，因此要给大家说一些能带来统一感的排版窍门非常困难。但可以看出大的发展潮流方向是，网页排版也开始逐渐靠近书籍排版的规则与习惯。虽然不知道今后会有什么样的技术革新，也无法轻易断言，但我认为在今后，我们对书籍排版中高品质排版的实践与知识会有越来越大的需求。

●产品设计中的应用

我之前曾有机会参与了一次用于出口电器产品的文字排版项目，并担任了西文排版的顾问工作。所谓的“操作指示文字”，是指用于办公及家用电器的操作面板，以简洁的语句提示操作的文字。它们大多是在塑料等材质上用丝网印刷印上去的。

尽管在特殊条件下有诸多限制，但是西文排版的知识依旧不可或缺。即便硬件的性能和设计达到最高水准，但如果机器上显示的西文排版难以阅读，好不容易达成的高品质依旧会遭到质疑。在选择字体时，不仅要考虑产品本身，还要考虑配件的纸板箱、包装、图册等，如果能使用企业字体（参见第 162 页），就能对整体品牌能力的提升有所帮助。

◎“操作指示用字体”的必要条件

这类文字所使用的字号很小，多为一两个单词，行数最多也就两行。因为能够使用的空间有限，所以在设计上往往会对字母加以变形，行距也偏紧。

由于需要显示清晰、避免误操作，操作指示用字体对文字的易认性有很高的要求。因此，在选择字体时需要留意的是从功能方面，看是否具有扎实的骨架，并兼具易认性和易读性，同时要有窄体等丰富的字体家族等。

因为使用的字号都偏小，所以相比横画太细容易断开的罗马体，我们一般会选用笔画粗细相同的无衬线体。为了能让字母在小字号下容易认读且不至于糊成一团，最好选择字距宽松、笔画卷入较少的字体（右图）。尽管一般来说，x 字高较大的字母易认性会好一些，但是如果超过两行，有时候反而会显得行距过窄，因此要看一下实际哪种排版方式更多，再进行判断。

3	3
Helvetica	Frutiger

Frutiger 笔画卷入更少一些

产品中的排版似乎还没有特别统一的排版体例。不过，近年来大家逐渐认识到了“通用设计”（universal design）的重要性，相比以往更为注重产品中的文字排版了。同时，随着印刷技术、数码字体的品质不断提高，设计师在排版时有更多易于辨认、不容易引起错误操作的字体进行选择。今后，字体排印师与产品设计师的相互理解和合作是不可缺少的。

●企业字体

印刷品也被称作“沉默的大使”。代表企业形象的大使如果用寒碜的衣服（字体）和不规矩的穿法（排版），哪怕出口的产品再优秀，恐怕也难以得到顾客的信赖。

企业为了保持公司整体形象一致，针对所使用的数码字体进行整体授权许可的系统性做法被称作“企业字体”。

对企业来说，标识是“相貌”，印刷品的文章是“嗓音”。顾客通过相貌和嗓音来判断一个企业的形象。而国外则非常重视如何把这个“嗓音”用统一的语调正确地表现出来。

在此之前，日本在使用企业字体时，基本仅限于广告设计部门。而导入企业字体在欧美很常见，欧美与日本的思维方式有着根本性的差异。

所谓“导入企业字体”，是指在企业制作的所有印刷品（名片、发票、产品图录、公司简介、产品说明书、包装等等）与网站等媒介中，都采用优秀的字体与出色的排版对外展示*。

* 企业字体的目的，是在各种书面文件上给人统一感，而并不是要对商品标识、产品包装设计和广告物料上的字体加以拘束。

看看在日本制作的一些面向海外的产品图录与公司简介，照片、印刷都很漂亮，但往往在字体选择与排版细节上缺乏考虑。采用那些不符合企业的形象的字体，再加上本书前面所提到的那些奇怪的排版，真不知道外国读者在翻阅时会作何感想。如果一本公司简介、产品图册无法将公司实际的价值观传达出来，反而给人留下负面形象，那将会是极大的损失。

在日本，三得利公司通过德国的莱诺字体公司（现蒙纳字体公司）全面引进了一套包括日文字体在内的企业字体系统。当时，我也以莱诺字体公司的远东顾问的身份参与了该项目。今后，全球化会不断加快，这样的案例应该会逐渐增多。在传达企业形象之时，企业字体是一个非常有效的手段。高品质的服装要配上得体的穿法，堂堂正正地派出“沉默的大使”。

C&lc的lc是什么？

大写字母通常被称作 capital letter，而小写字母通常被称作 small letter。但是从事设计和排版的人会把小写字母称作 lower case，把“大小写组合排版”标记为 C&lc。这里的 lc 就是 lower case 的缩写。那么 lower case 到底是什么呢？

在金属活字的西文排版中，盛装活字的字盘如右图所示，使用一式两盘，上面的字盘叫“上盘”，下面的字盘叫“下盘”。通常上盘里盛放大写字母，下盘盛放小写字母，所以后来就把小写字母直接叫作“下盘字”。因此 lower case 这个称呼，实际源自盛放金属活字的字盘。其实活字字盘多种多样，有时候可能只用一个字盘，盘里的排列方式也会根据不同的语言以及排版内容而有很多方式。这里给大家展示的是通常正文排版所采用的一例。每个字母的格子大小不尽相同，因为要依照字母的使用频率决定活字的数量。排列方式与电脑键盘差别很大吧。

另外，还有把字盘所处位置的名字，即把上盘 upper 首字母 U 与下盘的 lower case 组合成 U&lc 的叫法。下图中这份字体排印的专业杂志，其名称 U&lc 就来源于此。

C&lc、U&lc 这些说法一直沿用至今。尽管使用活字进行排版印刷本身已几乎销声匿迹，但活字排版的术语仍在这些地方保留至今。

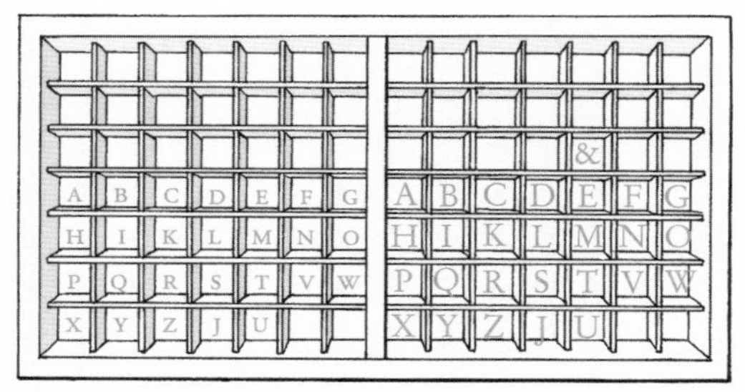

上盘的常见布局

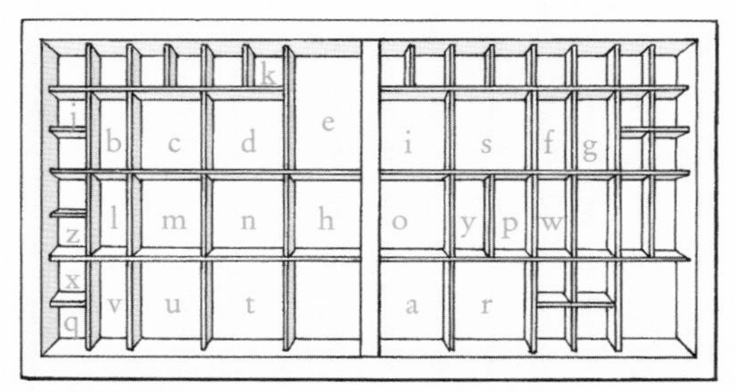

下盘的常见布局

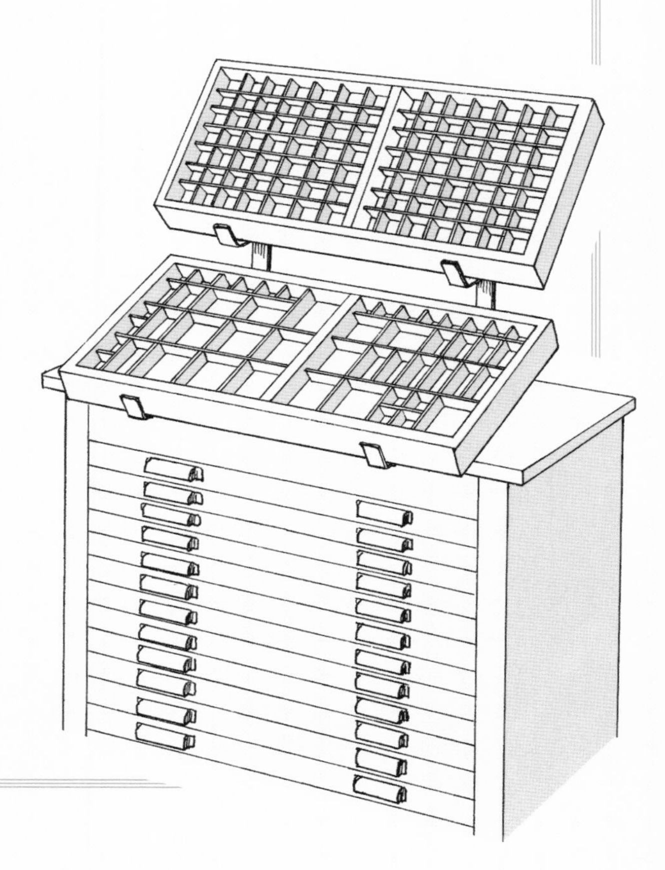

4–3 对日西差异与和谐搭配的思考

日西混排

什么才是西文字体和日文字体的理想组合？实际应该如何混排？这些一直是自活版印刷进入日本以来就面临的课题。

本来，日文的书写方法是将来自中国的汉字与源自草书的假名组合起来，在考虑每个字的大小、长度平衡的同时，使用毛笔竖向书写而成的。而活字字体则是把所有字都放进同样大小的正方形（全身）里设计而成的。笔画繁多的汉字与笔画少的假名都放进同样的正方形里面，肯定会出现黑白浓淡的差异。而另一方面，西文里每个字母的字宽不尽相同，字母的笔画数没有很大差异，与日文相比，字面的质地就相对更容易做得均匀。也就是说，日西混排意味着在已经是汉字、平假名、片假名混排的日文里再加入西文进行混排，所以要找一个决定性的解决办法相当困难。

说到混排，本来必须分横排、竖排的情况分别加以考虑，在此我仅就横排的情况进行论述。

●混排的目的与问题点

随着欧美文化的不断渗入，正文会不可避免地出现单纯用日语无法表达清楚的事物。遇到符号、团体名称、缩写、引用外文书原文等场合，设计师都必须进行日西混排。正文排版中混排所需要达到的目标，应该是尽量将西文融入日文排版中去。

主要的问题有以下几点：

◎　若使用与日文同样的字号进行搭配，西文会显得偏小

◎　日文和西文在笔画粗细与灰度上很难一致

◎　西文的基线比日文底线要高，会干扰阅读文章时扫视走向

这些就是日西混排会令人觉得不协调的原因。

和文書体いろは Abcdefghijklmn

同样字号下的日文和西文　左：Hiragino Mincho（横排用），右：Adobe Garamond

●以往的日西混排

日文与西文因基线不同会阻碍视线的流动。而在金属活字时代，为了能够改善这个问题，排版师会在日文活字下方、西文活字上方嵌入金属薄片以缩小基线差，或者使用大一号的西文活字去弥补字号上的差异。但是，这些方法都非常费时费力，在正文排版时几乎都没用上。实际上用于混排的西文字体，都是从印刷厂里为数不多的库存里随便挑选出来的，而且大多数质量不高，只要是西文就都拿来用。另外，当时的人们还制作了符号专用的西文活字，把单个字母做到全宽字身中间，这类活字别说排文章，连排单词也没法用。

到了照排时代，厂商又制作了附属于日文字体的西文，应该说这些字也都是作为符号的用途而设计的，比如“A先生”“X坐标”这样，只用于单个或者是几个字母的使用场景。因此，为了和日文搭配，西文必须设计得大一些。另外，出于照排机械构造上的制约，西文的降部必须做得特别短小，整个字母才能与日文配成同样高度，因此小写字母的g、p、q、y的形状就被扭曲了。

gpqy gpqy

左：照排用日文字体中的从属西文一例
右：Adobe Garamond

像这样附属于日文字体里的西文，原本只是为了当作符号使用，有时却被用来排西文的文章，导致排出来的文章难以阅读。有责任心的设计师与照排操作工都会另外选用按照西文正文用途而设计的字体，并调整级数、基线去与日文搭配；如果遇到短文章，则会将字母分别印制出来再手工调整、剪贴。但这绝大多数也仅限于广告里的短文，而对真正的正文排版也是束手无策。

●现代的日西混排

当今已经是数码字体的时代。日文字体中即便是明朝体，现在也有各种表情、粗细种类的品种了，而西文字体也出现了大量廉价而丰富的字体。

这样一来，只要想做，大家使用电脑的排版软件就能简单地替换西文，并调整字号大小和基线的设置。

●数码字型的问题点

与照排字体一样，如果是单个或者几个字母，使用日文字体里的附属西文字腔宽大、基线较低，比较容易与日文搭配；但如果是几个单词，或长达几行，从西文的角度来说最好还是别用。

在这里，如果使用现成的西文字体，作为西文本身来看没问题，但这是那些完全没有考虑过与日文混排的国外设计师设计的西文字体，直接拿过来用，反而会在使用单个或者几个字母的时候出问题。因此设计师都有必要对字号大小、基线进行调整。

在附属西文中也有像AXIS字体这样的字体，单独抽出其中的西文也足够胜任。

我们在日西混排时必须决定，是把重点放在当作符号使用而采用日文字体中的附属西文，还是以正文为主去选择与日文字体氛围类似的西文专用字体。比如可以采用这样的方法：单个或者仅几个字母，就用附属西文，而几个单词或者几行的西文则用同类型的西文专用字体排版。

AXIS アクシス
abcdefg123

AXIS字体中的西文

●用电脑进行混排时的问题点

在一些讲解排版的书里，有的会直接拿出与日文搭配的西文字体的具体名称，有的还会写出字号、基线的调整数值。但是，在不同的文章内容和排版条件下，即使字体相同，排版的效果应该也会不一样。所以我认为，应该由设计师自行根据工作内容去选择字体并进行调整工作。因此，在本书里我不会提出具体字体名和数值。

与字体的选择和调整同等重要的，是空白间距的设定。西文单词和日文之间，应该按照与西文的词距一样的程度空出来，再根据整体的平衡感进行调整。当然，“A先生”“2010年”这样的情况，不加空会更自然一些。

大文字と小文字で組むことをcap & lowといいます。?
大文字と小文字で組むことを cap & low といいます。

上：西文和日文之间不加间距，西文的部分会变得难读

另外，用电脑进行日西排版时，电脑排版中的“字偶间距”与“字符间距”功能特别容易出现问题。在统一设置过字偶间距、字符间距的日文里加入西文字母进行混排，往往会导致西文部分的间距也会随之拉伸或者挤压，特别需要注意。

日西并排时的西文排版

所谓“并排”，是指类似左边摆放日文、右边摆放西文译文这样的排版方式。

日文排版多用两端对齐，因此很多人把相对应的西文排版也做成两端对齐，或者将西文的字号、行距都与日文保持一致。乍看起来似乎合情合理，但是单看西文的部分，就会觉得比日文小，而且行距过大。尽管不同字体的效果不尽相同，但总的来说西文的字号应该比日文稍微大一些，这样才能使二者的体量看起来差不多。如果行长也设置成与日文一样的宽度，往往每行的单词数会比想象的偏多，从而造成阅读困难（参见第 115 页）。

虽然从表面上把日西排版统一起来会更放心一些，但是通常读西文的是外国读者，他们也只会读西文的部分。因此，大家应该在把握好日西对照的美观度的同时，多努力把西文排版做得更易于阅读、更准确地传达内容。

混排文字的现状和未来

今后，日文与其他各国的文字，比如韩文、泰文或者阿拉伯文混排的机会或许会不断增加。而且，我觉得现在也是时机要探讨一下，在西文排版里混合日文时应该如何处理了。

一点建议

把大脑切换成西文思考！

本书的主旨是让大家注意到在制作优秀的西文排版时会有什么问题，需要关注哪些地方，因此几乎都没有写排版软件的使用方法。与活字排版不同，现在的排版软件里有很多方便的排版功能，具体的操作方法请参阅软件的操作说明书。

我所能说的一点是，要把大脑切换成西文去思考，再去用排版软件。大家在排版操作之前，要根据工作内容对软件的设置进行各种各样的调整。恐怕除了那些专业做国外项目的朋友以外，大家平时都是在日文或者中文环境下进行工作吧。偶尔接到西文的工作，大家是不是就直接在这样的语言环境里，仅切换一下字体就好了呢？非常容易被遗忘的一点就是要把语言设置和排版方式都切换成西文。比如在 InDesign 里，语言要换成“英语：美国”，排版器要换成“Adobe（西文）段落排版器”。只把字体换成西文而其他设置仍为中文或者日文，词距调整、断词连字处理等西文特有的功能都无法充分发挥作用，往往无法正常地排西文。

在讲解日西混排时，我曾说过需要考虑是把这些西文字母当作日文去排，还是当作西文去排。在做西文排版的时候，首先要把大脑切换成西文去思考。软件设置也是如此，大家也可以从这个角度去重新审视一下。

从日文版出发制作英文版时的注意点

接下来我来讲一下利用已有的日文版制作西文版，特别是英文版时需要注意的一些问题。不过，制作普通的西文印刷品时，也可以将此作为检查项目来参考。

近年来，随着国际化的逐步加深，以日文版为起点去制作西文版的需求也日益增多。或许是受到“热情迎宾”意识的影响，旅游介绍、公司介绍、产品图录、公共团体的手册以及日本企业的网站等各处都能看到外语版本。

但是，令人非常遗憾的是，其中大多数外文站都是以日文版的版式为基础，将文字直接替换成翻译后的文本而已。单纯替换文字不仅会导致版式上的不搭配，而且有很多案例，如果实际拿去给外国读者看，他们估计也是难以阅读。

为了照顾到国外的游客、顾客，与日文版统一的样式去制作西文版本身并不是坏事，照片、插图也能得到充分的有效利用。但是，制作西文版时不仅不必拘泥于日文版的版式，在字体的选择、字体家族与字重、强调的表达方式以及标点符号用法等方面也要多加考虑。客户、设计师都要将大脑切换成“西文模式”进行思考。

●版式也要改为西文版式

我也曾接过一些排版工作，需要以图片、表格和总页数等方面几乎不变为前提，将日文版的商品目录、公司简介换成西文排版。从这样的委托内容就能看出，客户只是简单地认为不用对图案和氛围进行改动，直接替换一下文字就可以结束。

然后，承接任务的设计师往往也只觉得，直接拿翻译后的文稿，找到原来相应的日文的位置直接灌入，不要溢出就行。

虽然我也理解不想多花钱也能做出一个西文版的做法，但是好不容易做出来的东西不能给国外的读者留下好印象，实在不能算是上策。

有些排版细节，在日文版里可能不是问题，但直接换成西文之后可能会变得很奇怪，变得牛头不对马嘴。

如果您是一位外国设计师，用自己的母语制作西文印刷品时会怎么办？您肯定不会去配合日文版式，而是会从西文阅读的角度制作易读的版式。所以，应该将这类工作当成是只从客户手中拿照片和插图，以一种从零开始设计的心态进行制作，不必迁就日文版的设计。

在此，重要的是必须思考是为谁、以什么方式进行传达。面对那些对日本文化、作品感兴趣，拿起资料阅读、打开网站浏览的外国读者，好不容易有优质的内容，做出来的东西却令人觉得非常怪异、难以阅读，导致获得差评，您不觉得太可惜了吗？

◎确定排版方式

日文排版是以全宽的方块字为基础的，排出来自然而然就是两端对齐。大家在换成西文排版时，是否也不假思索地做成两端对齐呢？我并不是说西文排版用两端对齐不好，而是说在一些情况下用左对齐会更好（参见第66页）。

大家首先要打破“日文版是两端对齐，所以西文版也必须两端对齐”的这一固有观念。

●写法也要转译成西文

原则上，我们要以使用专业的西文字体、使用西文字体内部的字形进行排版为前提来思考。接下来，我会依次为大家举一些与字体、书写规则相关的例子。

◎字体的选择

配合日文版的氛围选择字体本身没有错。但是，我们对于使用日文字体里的附属西文，或者一些免费字体，轻易地进行制作的做法要特别谨慎。采用附属西文制作外文版，总是难免会混入日文的符号和标点。另外，使用配合日文而设计的附属西文去排成长文，缩短的降部、糟糕的字距节奏往往会导致难以阅读。所以还是推荐大家选择易于阅读，配有意大利体、多级字重等，字体家族展开更为丰富的专业西文字体。

◎避免过多使用窄体

采用同样的版式，单纯将日文替换成外文时，有时会导致原来的文本框容纳不下外文文本。为了把内容挤进去，有些人会缩小字号，或者对正常的字体进行横向挤压，更有甚者还会将已经是窄体的字母再进一步挤压。这并不是说不能使用窄体，而是要将窄体的使用范围控制在最小限度，应该事先根据实际的字数进行版式设计。

◎强调的方式

日文版里强调突出的语句和单词（粗体、黑体、下划线、加引号、加背景色或者字体更换颜色），在西文里应该如何处理呢？

日文版中使用的一些强调方式，如果不是西文排版里常见的，只会导致难以阅读，也无法准确传达其含义。

一般来说，如果在文章里有需要强调突出的单词，可以将其换成意大利体（参见第 88 页）。另外，产品图录里的小标题等处，需要进一步强调突出时，也可以使用粗体。

"LETTERPRESS" ?

在日本，表示强调突出时加引号标出，甚至用“傻瓜引号”（参见第 106 页）的做法十分常见。这种情况也许只是设计师单纯地将日文原文中直角引号替换成蝌蚪引号而已。但是，英文的引号除了直接引用以外，有时还可以表示并非通常含义、带有讽刺意味等特殊用途，根本不是表示强调。要表示强调，如前所述应该用意大利体，而且即使是意大利体，也应该仅用于真正想强调的地方才有效果。

typography ?

另外，如何看待仅仅是因为日文使用了下划线、西文也沿用下划线的做法？在西文里，在手写或者打字机打字时，下划线会用来表示强调；而在专业排版流程中，下划线有时候也有让排版师替换成意大利体的意思，因此会造成歧义。如果不是要再现手写、打字的文件，除非是数学公式等特殊场合，否则通常都不太会使用下划线。

typeset ?

在日本，还有给文字背景加网点或背景色，以及把文字反白加以突出强调的做法。而西文字母与日文不同，由于有升部、降部，往往很难稳妥地放到方形的背景框中。

像上述这些在西文里不常见的强调手法、过多过频的强调都应该尽量避免。

◎大写字母用法

有一种并非有意、实为强调的写法，就是将公司、团体名称或者人名全部用大写（仅将姓名中的姓全大写的写法也很常见）。据说在欧美人看来，并非出于必要却用大写字母排出来的部分“就像是在大声吼叫，没有品位”（参见第 85 页）。除非是想故意夸张，否则来之不易的一个展现公司、自己的机会，人们肯定希望能给人留下好印象吧。

另外，UNESCO、AD、BC 等这些缩略语以及固有名词、大标题等有时候也会需要用大写字母书写，如果是在文章里面，可以使用小型大写字母，这样就更能融入大小写组合排版的样式（参见第 92 页）。

◎标点符号的处理

大家需要认真检查西文中是否混入了东亚排版专用的一些标点符号，特别是容易混入括号（）、星号☆、百分号％、正负号＋－以及数学符号等这些所谓的“全角符号”，又比如把减号错写成连字符的情况。▲◇★这些特殊的全角符号也都要避免使用。

而且，日文版里的小标题往往会用〔〕《》【】括起来，但也不能因为说没有与之匹配的西文符号，就直接替换成 [ ]。西文里的括号，一般都是用于作者、编者的注释（补充说明、指出错字漏字等），意思与日文里的〔〕【】并不相同。

中日文里表示时间、期间的长度时会用波浪线～，而西文里应该用半身连接号（en dash，参见第 107 页、第 172 页）。西文里有一个与其类似的符号 ~，是用来表示特殊发音或是一种数学符号，意思完全不同。

◎项目符号

中日文版里，并列的项目之前经常会使用带圈数字①②③或者⑴⑵⑶。但是在西文版里也直接保留下来是不是合适呢？特别大的◎、●这些符号，在国外也很少见。写成普通的 1. 2. 3. 或者 A. B. C. 及 a. b. c. 不好吗？

而且，像下图这样，还可以使用项目符号（•）或者连接号将各个并列项目明确展示出来。虽然偶尔也可看到用连字符的西文排版，但会给人一种简易公文的感觉，不太适合用于正式印刷品。

Production workflow

The technical stages of the traditional production
forms the material from typescript to printed worl
speaking (and not always in this order):

- development editing
- copy-editing
- design
- typesetting
- proofreading
- correction (the last two stages may be repeated
  ‘revised proofs’)

suisse ou qui séjournent depuis 5 ans
(permis d’établissement ou de domicil
une Suissesse ou un Suisse.
Sont admis les travaux individuels aus
travaux collectifs.
Ne sont pas admis à participer les des
— ont déjà participé sept fois au Co
design et/ou au Concours fédéra
— ont déjà obtenu un prix à trois rep
— ont dépassé leur 40e année,
— soumettent la même année un tra
fédéral d’art.

inscribed 'Begun at Rome; continued
Genoa April 1st 1769.'[4] Stuart proposed
wings and to bring forward the rooms b
1767 'New Design', making space for t
Adam's engraved plan of 1771,[5] while of
level of sophistication, incorporates ele
had followed the architect's drawings of
Hall as a relatively small square room w
A plan of the basement storey in which
left blank suggests that Bute was for a ti

1. Mount Stuart.
2. The relevant drawings are at Mount Stuart.
3. A series of small plans (Mount Stuart) of the fi
have been prepared for Bute's use on his travels.
4. Mount Stuart.
5. Adam, 1775 and 1778, pl. I.

◎脚　注

明明是西文的脚注，我却也见到过有些排版会直接用※、☆这些所谓全角符号。

在欧美国家，通常是直接用数字标记 ¹ ² ³，或者使用不断增加的星号 * ** ***。另外，也有在星号之后使用剑符 †、小节号 § 等符号，按照 * † ‡ §……依次标注（第二轮则用 ** †† ‡‡ §§ 逐次增加）。

◎页　码

标注页码时，第 15 页写作 p. 15，如果是连续数页，则应该写成 pp. 15–18 这样，数字中间用半身连接号连接。

P15 ⟶ p.15　P15～16 ⟶ pp.15–16 或* pp.15, 16
p.10、p.15～p.18 ⟶ pp.10, 15–18

如果连续页码位数较多，可以只写出最后几位，如"pp. 1179–82"*。总页数，比如"共计 200 页"应该写作"200 pp."。这里的 p. 为 page 的缩写，pp. 为 pages 的缩写，通常不用大写字母，而是用小写字母，句点后面要加空。

* 在书籍索引等处也有分别采用不同写法进行区分的做法，比如若是同样段落、同样章节则写作 pp. 15–16，而不同段落、不同章节则写作用 pp. 15, 16。

* 即使是同样的页码也会有 pp. 177–9、pp. 177–79、pp. 177–179 等各种各样的写法。但对于同一份作品应该定下规则进行统一处理。

◎日期的写法

在海报、商品图录里，随意将日文写法、波浪号等直接替换成西文的做法十分常见。西文里，时间区间还是应该要用半身连接号*。这里举了一些极为常见的例子，而星期的省略写法、是否加句点逗号，不仅在各个国家会不一样，根据不同编辑原则也会发生变化。无论使用何种写法，同一份作品里必须统一起来。

* 星期、数字之间的半身连接号，原则上前后无须加空，但有时候这会导致在视觉上看起来局部黏结成一团，为了美观就需要对细节进行调整。

例：2019年4月1日（周一）～2020年7月21日（周二）

Monday, April 1, 2019 – Tuesday, July 21, 2020
Monday 1 April 2019 – Tuesday 21 July 2020

◎间距的微调

原则上，即使是不额外加空的密排，如果视觉上看起来太挤，最好也进行一下微调，让效果更为美观（参见第 107 页）。

在 + − = 等数学符号的前后，数字与 ml、kg 等单位之间要加空（参见第 95 页）。而 No.、p. 这类表示缩略的句点后面虽然也要加空，但是如果看起来间距太宽，可以稍微挤压一些，做一点微调。

但是，不能因为日文冒号（：）分号（；）前后看起来有空，就在英文的冒号（:）分号（;）前后也加上空格。英文里的这两个符号要与前面的文字密排，只在后面加空（参见第106页）；而法文则会在冒号、分号前后都加空（但句点、逗号前面，则与英文一样是密排）。

◎破折号改为全身连接号

中日文版里会有破折号，但不能因此在西文里也单纯地将全身连接号（em dash）拉长，或者连打两个去组合成一条线。通常来说，西文里用一个全身连接号就足够了*。在日本，大家常会用一条占两格的破折号将标题和副标题连接起来，而英文里则多用冒号。用破折号连接的书名译成英文时，应该改成全身连接号，或者最好改成冒号。

* 在表示原稿的错漏字时，或者在参考文献里用于省略作者姓名的场合时才会使用双倍连接号（2-em dash）、三倍连接号（3-em dash）。

◎插图里的日文

在插画、图片里如果留有日文，外国读者会无法读懂。在保留日文版式和图片的工作流程里，大家往往会漏掉图片中的文字翻译，需要特别注意并进行确认。

●网站的西文排版

对公司、团体来说，官方网站非常重要。理所当然地，世界各地的人们都会浏览公司的网站。那么，公司是否能提供优质的西文网页呢？是不是单纯把日文网站翻译过来，应付一下而已？在以往，人们也许还无法选择称心如意的字体，但是到现在，已经有丰富的西文网页字体可供选择，也能对排版进行相当精细的设置。

网站里如果也能用上企业字体（参见第162页）是最理想的。如果没有，在公司简介等自己公司的西文印刷品里使用共通的字体，对公司品牌形象的提升也会有很大帮助。

就阅读文字这一行为来说，无论是在印刷品还是在网页上都一样。如果为了拓展国际业务需要制作西文版网页，那么制作时是否具有西文排版知识就非常重要了。

除了编辑、设计，如果能专门设置一个环节对这些项目的排版进行专业确认，那就能更放心一些。

译者T的烦恼

客户发过来的西文稿件可不能随便乱改，这也是我们干印刷这一行不成文的规矩。如果是很明显的拼写错误以及“傻瓜引号”之类的，我会直接修改之后再进行排版，但即便是遇到全大写的人名，只要对方说一句“我可一直都是这么写的”，也就没有容我再插嘴的余地了。当然，对于那些愿意听我意见的人，我也有时候会建议他们说“这里是不是用意大利体会更好”“文中的公司名、人名最好用大小写组合的写法”，但基本上，按照客户方拿过来的翻译稿件进行排版是理所当然的事情。

从工作流程来看，对我这样的排版工作者来说，“译者”是身处客户背后的职业，也不曾有直接联系他们的机会。

但即便这样，有一次通过担任字体指导的小林章先生介绍，我结识了担任翻译的T女士。作为专业翻译，她平时负责企业的日英、英日商务翻译。

与她认识之后一聊，我对翻译这份工作的认知发生了变化。我原本以为，通常的翻译只要将给定的日文或英文等原稿翻译出来即可，应该不会意识到稿件交付之后文章如何被排版、印制出来。但是T女士会一直关心到最后效果。而实际上，绝大多数的作品都无法确认最后印制的效果。虽然她在文本的阶段会加上各种各样的指定设置，但即使最后那些原本应该遵守的排版规范都没有被执行，等到印出来之后才发现，她也是毫无办法的。如果在付印之前有一个过来商量、确认的过程，她就可以提出修改建议；但据她所说，即使提了建议，也并非全部能被接受。

当然，译者的工作只是翻译，之后的文稿被如何使用，都不是译者的责任。很明显，那是排版者（设计师）、编辑，最终是客户自身的责任。但是，排版者（设计师）如果没有西文排版的知识和经验，往往就会把译者的文本直接灌完了事之后拿去付印。

另外，翻译工作其实也并非单纯地对语言进行翻译，而是需要针对文化、背景进行调查，确保将意思准确地传达给读者。好不容易辛辛苦苦完成的译稿，有时候也会因为客户的各种需要而被修改。如果被改动后的西文让真正使用该语言的读者读起来怪怪的，对客户来说也是一大损失。

以下就是这位用心的译者觉得十分遗憾的一些例子：

- 用附属西文排英文
- 为了排进版面，对文字进行挤压（压窄变形加工）或者拉伸，导致字距、词距参差不齐。
- 将固有名词全大写，并加上引号。普通的固有名词写法（单词首字母大写）也加引号
- 原文的直角引号直接替换成蝌蚪引号
- 在正文中的公司名、姓使用全大写
- 原本应当加空的地方没有空。反过来不应加空的地方倒有空
- 行长过大难以阅读
- 段首不缩进、段间距也不加空，难以分辨段落首尾位置
- 直接保留日文符号（※、带圈数字、波浪线、大黑点等等）
- 对标题和强调部分都加下划线，还要用粗体、换颜色
- 添加☆■→等各种符号

怎么样，是不是与我在第四章里提到的内容有很多共通之处？排版者与译者，尽管立场不同，但是都有着同样的烦恼。

我希望今后，客户、译者、排版者能够齐心协力，共同努力制作出易读、易懂的西文。

第五章

我与字体排印

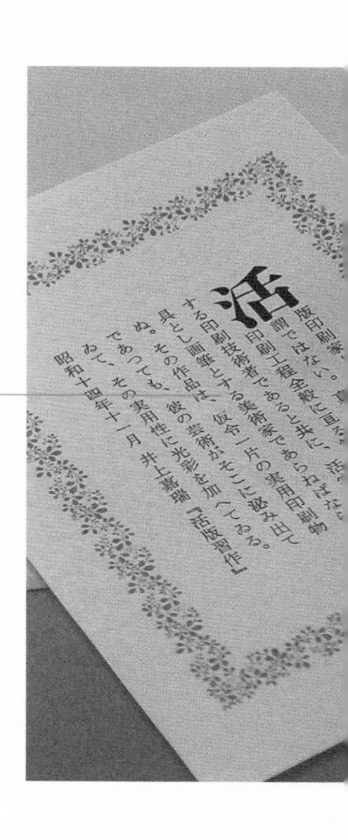

活
版印刷家
謂ではない。
印刷工程全般に亘る
する印刷技術者であると共に、活
具とし画筆とする美術家であらねばな
ぬ。その作品は、仮令一片の実用印刷物
であっても、彼の芸術がそこに滲み出て
ゐて、その実用性に光彩を加へてゐる。
昭和十四年十一月　井上嘉瑞『活版習作』

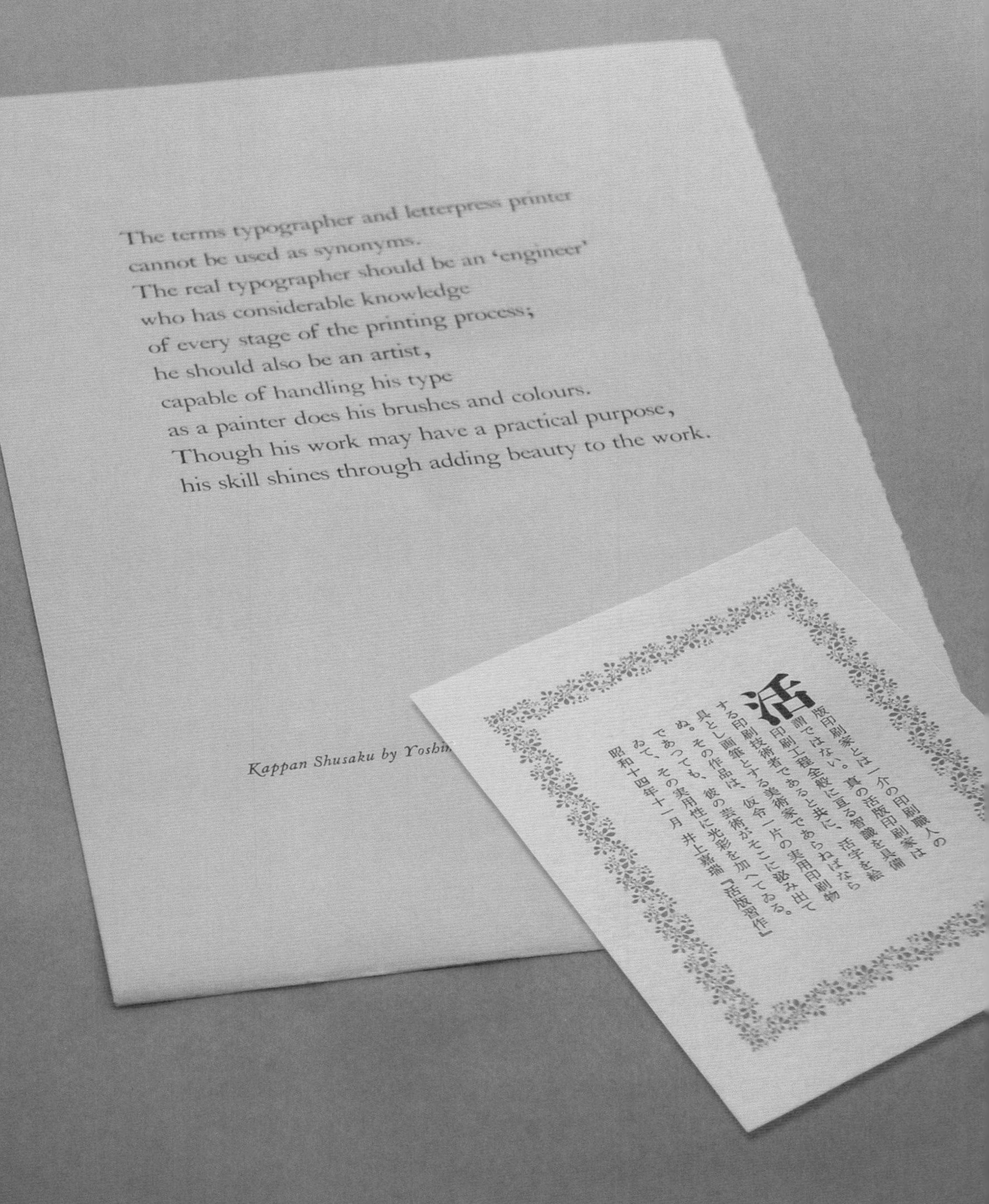

将嘉瑞工房的创始者井上嘉瑞先生撰写的文章印刷而成的明信片。这虽然是针对活版印刷者的寄语，我认为把“活版印刷家”的部分换成“字体排印师”也是成立的。

读到这里，您觉得怎么样？您的疑团都消解了吗？您体会到了我在一开始所写的“心意”的含义吗？如果您一开始期待本书是一本像“一加一等于二”这样的教程的话，可能会觉得信息量不够吧。

我并非设计专业出身，但年纪大了以后，也会有很多人过来找我寻求各种各样问题的答案，其中甚至有人直接过来要寻求“字体排印的精髓”！另外，除了一些具体问题以外，还有很多人会问学习的方法。我不知道自己有没有资格向别人介绍学习方法，但是我的确很幸运能有比别人优秀的老师，并且能不断积累西文排版的经验。在此，我就写一些自己经历过的挫折，以及我认为很重要的地方。如果这能成为大家在学习字体排印中的启示，也是不胜荣幸。其实，这也是我要写这本书的动机。

●字体排印伊始（不知不觉地发现其实已经开始在学了）

我在大学（法学专业）毕业之后，进入了一家与印刷、文字完全无关的公司干了四年，在二十七岁时才进入了我父亲经营的活字印刷公司——嘉瑞工房。当时的我对印刷并不太感兴趣，连“字体排印”这个词都不知道。之前工作的那家公司，虽然也挺舒服的，但总觉得自己只是公司的一小部分，不太满足。

父亲工作的印刷所离住处很近，当时每天晚上都有很多学生、设计师非常开心地进进出出。只不过是老爸经营的一个小名片店而已，为什么会有美术学院毕业、在一流企业工作的年轻设计师们过来？看到他们和父亲都很开心的样子，我也莫名地产生了一种羡慕之心。就在那时我意识到，即便我从现在的公司辞职，一切依旧照常运转；但是如果父亲不在了，这些人可能很沮丧吧。其实简单地说，我就是单纯地觉得这些东西看着很有意思。这也是我下定决心的原因之一。

我进了父亲的公司，并非随即就开始接受高水准的字体排印教育了。我一开始也是干发货、收拾整理等杂活。

大家知道“拆版”这个词吗？这是把排好版、印刷完的金属活字，按照字体、字号放回原本字盘的工作。这项工作在数码字体里根本不存在，而且很简单，小孩也能干，但是现在想起来，能有这样的经历真的很好。通过这项操作，我逐渐地理解了嘉瑞工房里的活字字体都有什么特征，为什么一款字体里有各种各样的字，这些字都如何使用等。

（左页图内文字译文）

活版印刷家并非一介所谓的印刷工人。真正的活字印刷家，不仅是一位具备贯穿整道印刷工序知识的印刷技术员，同时还应该是一位能把活字当作颜料画笔的美术家。他的作品，即便是一纸实用的印刷品，都能渗透出他的艺术，为其实用性添光加彩。

昭和十四年十一月井上嘉瑞《活版习作》

（译注：昭和十四年即公元1939年）

活字的字盘侧边上都写着字体的名字。Garamond 是某个地方的名字吗？ Helvetica 是人名吗？为什么同样字体里有 Roman、Italic 这样的城市名、国家名，却还有一种字母是倾斜的？难道就没有 London、France 吗？我一有疑问就跑去问父亲，一开始他也只会和我说“Garamond（加拉蒙）是以前的一个人名哦”，然后我也就知足了。应该说，即便他多讲一些给我听，当时的我肯定也听不懂。

父亲的桌子旁边就是我的工作台，有人找他讨论印刷、杂谈聊天的声音，我都能听见。但总是有一些听不懂的词，什么“无衬线”“包豪斯”“小型大写字母”之类的，至少我在学法律专业的时候可都没听说过。客人走了之后，我就会去问父亲那些词什么意思，可是他已经进入工作状态，只会用只言片语回答我。然后就是休息时间可以读读书、看看这些书的排版。“哦！这里也写着 sanserif（无衬线）呀。原来无衬线是这样的字体呢。”进入工房的第一年，我的知识水平无非也就这种程度而已。

诸位读者，如果您处于我当时差不多的年龄，觉得知识不够，完全没有必要着急。当时的我，与现在正在读这本书的您相比，知识水平肯定要低得多。

●西文排版初试

过了一年左右，父亲终于开始让我做一些简单的排版了，做的都是那些并非专业设计师的普通客户发来的订单。我根据他们的原稿和要求，排好版给父亲看。他会帮我修改，结果是字距、词距、行距被改得面目全非。重新排了之后又要再改，这样重复好几次之后才最终被认可。按照父亲的指示修改之后，版面的确是更漂亮了。就这样做了好几年，不断重复之后，我逐渐地找到了一点感觉。一开始有十个地方被修改，之后减少为六处、三处，行距修正也从大范围调整变为三条、一条水线*，最后终于有些排出来的东西不用修改直接被认可了。

* “水线”是排版中用作行间距的锌合金薄片，厚度为五号字（10.5 点）的八分之一。

即使这样，我还是花了将近十年的时间。也许是因为我并没有在美术院校学习过，没有科班出身的审美品位。不过，我并不觉得这十年光阴被浪费掉了。除非是天才，否则任何一个凡人想要成长肯定是需要时间的。这段时间里我做的排版远远超过两千件。一张小小的名片也不会有完全相同的排法。要掌握应对各种样式的排版能力，还是需要时间的。但是，这也不是单看工作的数量，重要的是针对每份作品的处理方法。

●学习知识和历史的愉悦

到了一定阶段后，那些支离破碎的知识点就能逐渐地像一棵大树一样开始成形。

从来没有人系统地教过我字体的知识和历史。字体诞生的年代、各个国家的特征、使用方法、设计制作的人物等知识，都是我凭兴趣或者是因为工作需要，一点一点地靠问或者查资料获得的。在了解一段历史事实之后，我就会想其前后年代是怎么样；英国的用法是这样的，那么美国是否一样……疑问就这样不断地出现。一问一问不断衔接起来后我发现，原来某个知识点可以延伸到这么远的地方！正如养分延伸到生长出来的枝叶末端那样，知识的枝叶不断延伸，开始结出果实。

虽然德川家康、西乡隆盛所处的年代、地点都不一样，但是了解日本历史的人都会知道他们之间的关联。同样地，我到现在就知道，为什么克洛德·加拉蒙分明是16世纪的法国人，到现在依旧有各家字体公司在销售Garamond字体。了解事物的全貌之后，就能看出事物内在的意义。其他的，比如数字分为两种类型，罗马体的变迁与印刷技术的紧密关系，包豪斯在日本备受推崇的原因等都是这样。就像推理小说的破解过程一样，每当发现“原来如此！”的时候，我就会非常开心。

认真学习历史不仅会很有趣，而且还让人不会被那些在日本产生的一些莫名其妙的谣言所轻易左右。从略知一二的人那里会听到一些“Garamond是诞生于法国的字体，所以不能用在意大利餐馆里”这样的浮于表面的话，如果您知道世界各地的铸字厂、现代的数码字体厂家都在制作Garamond的这一事实，就能反驳说：明明全世界都在用嘛！至于像“Futura这款字体和纳粹有关”这些只流传于日本的讹传，只要了解正确的历史，就马上能知道那是多么愚蠢、无聊。明明稍微查一下资料、认真想一下就可以知道的事情，却把别人的话囫囵吞枣全盘接受；想创造规则、轻信他人、易受束缚——这也许是包括我在内的日本人的一种性格缺陷吧。

那么，应该怎样才能避免这样的思维方式呢？当然，到国外去学习是最快的一种方法，但的确也不那么容易。其实可以问问在国外生活的日本人，问问在日本的外国人，看看国外印刷品。还有，虽然我不是很推荐，但是稍微在网上搜索一下也是方法之一。

但是，除非是可以信任的译者，我一般不会读译作。阅读原著的确很难，所以发现有译本后大家往往会觉得如获至宝，拿过来翻看阅读。

但是我经常发现翻译错误，尤其是没有活字排版经验的人翻译出来的东西，会有很多不恰当的地方。因此最好还是去阅读原著，哪怕多翻查一下字典，而译作顶多当作参考就行。当然，如果您对本书有疑问的话，也请多查阅资料！（如果发现有错误，也敬请告知。）

自己动手

前面写到和我父亲一起修改排版的方式，仅仅是针对非专业设计师完全委托我们自行排版的情况。如果由专业设计师的指定要求，原则上就要按照要求做，排好后再发给设计师看，可以的话就付印、交货。但是在这之后，我也会自己尝试改动一下行距和版式。有时候会觉得果然是按要求排的方法更好，但有时候也会觉得自己做得更好一些。我建议大家可以在工作之余，按照自己的想法多做一做。如今在电脑上做起来也很简单，能得到很多锻炼。

不仅能从自己公司的工作中学习，其实在街头巷尾都有“教材”。家里人都称我是“文字病”，对各种各样的文字都会有反应，比如电视广告、招牌、T 恤衫的图案、CD 的标题等。到美术馆去，我则会看展览图册、前言，比起绘画作品，我看得更多的是旁边的作品标签的排版；去看电影也会不自觉关注到电影的标题和最后的演职员表。只要能不断地下意识去思考“换我会怎么做”，那么无论何时何地都可以不断学习。

比知识与技术更重要的?

三十八岁我成了公司的总经理，客户咨询就都由我来负责了。尽管我的知识并不完善，但也算是有一定程度的了解，技术上也有了一定自信。根据客户的希望挑选字体、只要按照要求去做，客户也会很高兴。

但是，总觉得有些美中不足……

为谁而做的字体排印？

直到现在，我的基本原则也依旧是“专业设计师发来的工作就要按照要求制作”。只有对方找我商量时，我才会回答，因为我认为，作为一名印刷者要做好自己的分内之事。然而，也有很多并非设计专业的客户会直接从样本册里挑一下字体，让我按照原稿直接印出来。这种做法令我感到了瓶颈。凭印象和感觉，由下订单的人决定字体、版式，就真的能做出为使用者而做的设计吗？从那之后，我稍微改变了自己以往的方针，开始对原稿进行一些主动干预。这是为谁而做的？用于什么场合？这个内容真的有必要吗？通过这张印刷品想表达的是什么？为了达到这个目的，这样的内容（字体、版式）是否准确对应？我不会针对所有客户都问一遍，而且第一次下单的客户也许还会很紧张。很多时候，大家拿过来的稿子都是这样没有经过认真整理的。我并非想质问客户，而是引导客户将其意图更好地挖掘出来，这样，真正想表达的内容就会更鲜明，原稿内容也能整理清楚。

我并非设计师，因此我不会提出设计方案。因为使用名片或者拿抬头信纸写信并非我自己，所以，问题的答案肯定在客户那边。如果客户能够清晰地了解是向谁、表达什么东西，那么我就可以依此来决定字体和版式。而为了帮助客户，我就需要了解本书前面写的那些字体史、排版样式特征和各种约定俗成的习惯。比如在通过公司简介要把领导的经营理念传达出来时，如果是有意识地要去表达让读者更为舒畅阅读的这份心意，就肯定会觉得单纯往文本框里灌文的字体排印是不可接受的做法。到处是大写字母的文章、突兀的数字，这些都会阻碍视线的流动。如果把排版规则里意大利体、标点符号的用法弄错，国外的读者会因此而分心而看不进内容了。

标题、正文的排版形式和字体是否与内容匹配？本书的目的就在于解决这些问题。排版规则并非死规则，而是为了能够让作者将其思想顺畅地、正确地传达给读者而做出的一些约定。如果能意识到抬头信纸的主角是写信人给收信人传递心情的文章，那么作为配角的抬头信纸的设计就不言自明了。用上乘纸张精美印制出来的抬头信纸，可以微微提升写信人满怀心意的文章品格。而且我也希望，这样的书信还能让收信人心情更为愉悦。

什么是字体排印?

没有必要使用难懂的语言来定义，而且它本来也不是深奥难懂的东西。普通人不知道“字体排印”这个词，也照样读书、看画册。能令人觉得阅读流畅、让商品样册通俗易懂，这才是优秀的字体排印起到的作用。我所思考的字体排印的定义是：“使用印刷用的字体，排印出容易阅读也尽可能漂亮的文章。”那里面还应该带有对读者的一份“心意”！我之所以决定要写这本书，就是因为想能为此出一份力。

在字典里，typography 的第一个释义是“活字印刷术”。那么 typographer 就是“活字印刷师”了——这是指我吗?

嘉瑞工房的字体排印教育

嘉瑞工房，发起自我父亲的师傅——井上嘉瑞先生的私人印刷所。井上先生非常博学，甚至还于昭和十二年（1937 年）在专业的《印刷杂志》里发表了一篇论文《土里土气的日本西文印刷》*。他不仅把知识传授给我父亲，也传授了他的那些思考方式。听说，就像父亲教我那样，他总是耐心地、慢慢地，像从断奶后抚养婴儿那样，不断培养、教育我父亲。虽然我也懂他的那些思路和“心意”这个词，但是真正地理解其内涵，应该也是最近的事情。

* 刊载于昭和十二年一月号。右页照片的报道里把“昭和十一年十二月廿三日”错写成了“昭和十二年十二月廿三日”。

字体排印是从外国的风俗习惯和生活中诞生的。如果不能理解这一点，知识就会沦落成吹嘘的资本。其实，前人给我们留下了很多答案。到旧书店买一些外文的书籍、杂志，翻翻看看也能学到很多东西。阅读字体排印的书固然重要，但到国外的街头走走看看——如果这比较难实现，那么看看外国的电影，或者委托去国外旅行的朋友把住宿过酒店的信封信纸套装拿回来，这些全都可以是学习的资料。

父亲接手的嘉瑞工房是与西文字体排印有很深渊源的一家公司，也许算是运气很好。因为我具有“亲生儿子”的这一特殊身份，所以才成就了现在的我，这的确也是事实。我可以直接问父亲，刊有答案的书籍就在身边，有时候父亲的外国友人们能直接成为我的老师。但是，即便问到这些知识和经验，后面的路还要靠自己走。即便是像我这样突然闯入这一行，只要秉持勇于追求的精神，道路也一定出现在你面前。

田舎臭い日本の歐文印刷

レイアウトはめちや〳〵だし、異種體活字は混用するし、古書體を驅逐しない
——オリムピツクまでには大改善せよ——

昭和十二年十二月廿三日

ロンドンにて　井上嘉瑞

筆者井上氏は、日本郵船會社倫敦支店員であるが、大の印刷趣味家である。商賣柄でアマチュアといへず、進んだ印刷需要家なのである。此所に言はれたことは一一尤も至極であるが、斯様に僅かな歐文印刷需要では、とても理想に近い設備が出來ないといふ事實、例へ設備しても需要者側の趣味も無茶苦茶で苦心の甲斐が無い、從つて發達しないといふ經濟原則を十分認識せねばならぬ。併し井上氏の歐文活字に對する知識が正規的で深奧であるから、言はれて居ることは日本の歐文印刷家にとつて、此上もない參考である。之れだけのことを言つてくれる人も皆無とは言はれなくも、極めて稀れである。記者は一言感想を附記するの止むを得ざるを感ずる（郡山生）。

東京　郡山學兄　侍史

拜啓　其の後すつかり御無沙汰致しまして申譯ございません。御變りも無く御活動の御様子を、毎月入手致します印刷雜誌を通じて拜見致しまして欣快に存じて居ります。

丁度今日は一寸ひまになりましたので、こんな時を利用して御無沙汰のお詫びをしなければこの次又何時書けるか分らないと思ひましたので、急に思ひ立ちまして筆を執りました譯です。

日本の品位を下げるもの

問題は日本で印刷された歐文印刷物です。私商賣上、日本にゐた時から、各種の歐文のパンフレット、案内書等凡ての歐文印刷物を扱ひますが、そのどれもこれもから受ける印象は「田舎臭い」の一語に盡きます。當地に來てから日本から送つて來る各種の歐文印刷物に接するにつけ、いよ〳〵この感を深く致しました。

一九四〇年、東京でオリンピック大會が開催される事になりましたから、東京市は勿論國際觀光局其の他諸々のホテル、商店等は種々の歐文印刷物を世界中に頒布して、宣傳に大童となる事と思ひますが、今迄の様な「田舎臭い」印刷物を撒かれたのでは宣傳どころか、日本の品位にかゝはると考へられます。

こんな問題こそ「印刷雜誌」が先導となつて吾が國活字製造業者及び印刷業者に警告すると共に、その指導の任に當らるべきではないかと愚考する次第です。

本邦製の歐文印刷物が「田舎臭い」垢拔けのしない印象を與へるのは、專ら使用活字書體とレイアウトの拙劣に在ると考へます。製版及印刷技術そのものは、歐米一流國に比肩出來る程進步してゐる事は充分認めますが、それだけが印刷の總てゞない處がこの問題の發點と思ひます。

レイアウトの問題も Typographical lay-out を專攻し研究してゐる様な、特殊技術家（兼美術家）のゐない日本——假令實在してゐても生活出來ない様な日本——の現狀では、結局註文者の指圖に從ふより仕方がないのですから、印刷業者としては一寸手が出せないかも知れま

后 记

本书除我之外，还有另外两位作者：一位是嘉瑞工房的创始者井上嘉瑞先生，另一位则是他的独门弟子、我的父亲高冈重藏。缺少了他们当中的任何一位，这本书都不会问世。虽然井上嘉瑞先生在我出生两年前就已过世，我从未见过他，但是他的精神，通过他的著作和我父亲的教诲，一直留存在我心中。

我从两位长辈里学到的是：只要坚持从“排版是为谁、为何而做”出发去考虑问题，答案就会不言自明；知识本身并不是目的，而是探寻过程的一个手段。

这本书的主题“字体排印是一片心意”，其实并不是这两位长辈的话。据说有一次我父亲不在公司，有位年轻的访客问我母亲说：“到底什么才是字体排印呢？”我母亲可是字体排印的外行，不知如何回答，但还是说了句：“虽然我不太懂，但我觉得这是对读者的一片心意吧。”后来那位客人向父亲说起这段令他“恍然大悟”的话后，我才第一次听到了“心意”这个说法。我就是这样由井上嘉瑞、父亲，还有这样的母亲培养长大的。我本身在设计方面是外行，之所以能做到现在，都是因为有这些导师指路。

从二十岁后半开始到三四十岁，我一直专注于活版印刷。活版印刷是一项落后于时代、濒于消失的技术。但是，文字排版的原点起源于此。从巴斯克维尔、博多尼，还有那些为西文排版打下基础的诸多有名或者无名印刷者所制作的印刷品里，我学到了很多排版技法。通过印刷品，我能与两三百年前的排版者进行对话。一看这些版面，加入了什么样的空格、版面是如何排出来的等等，这些排版前辈们的手法以及最终组合而成的版面效果，都能浮现在我的眼前。这些东西对我影响之大，无法用言语来形容。

而到了现在，我希望能把我所继承下来的东西，传达给使用电脑排版的诸位。

●关于“增补修订版”

本书的第一版是2010年由日本美术出版社出版发行的。后来尽管库存没有了，但由于出版社方面的原因而无法再版，导致本书在市面上消失了一段时间。从说要更换出版社，到最后重新发行，也过了将近四年时间。

出版延迟的原因之一是因为我要照顾家父，直到他于2017年9月15日去世，享年九十六岁。直到去世前两周，他的头脑思维还非常清晰，能为前来探病的诸位客人讲解、提建议。虽然他一生并无荣华富贵，但是直到临终之前依旧坚持工作这一点，我作为儿子也为其深感自豪，他这一辈子也是令人羡慕。

在增补修订过程中，我根据现状重新对内容进行了审读，增加了几个项目。这些追加项目，大多是参加我的讲座以及一起共事的朋友，以日本人的实际感受出发产生的疑问为基础而撰写的。不仅是增补部分，本书中还有很多项目，是国外一些字体排印书籍里没有涉及的内容。这或许是本书的一大特色。

多亏了参加第一版编辑工作的乌有书林的上田宙先生，本次的增补修订，有了他全身心、极具耐心的编辑工作才得以实现。这次作为“翻译者 T”出场的翻译家田代真理女士，在很多细节上也给了我各种建议和意见。而在国外，则有我的师兄、从我父亲这一辈就一直给予我照顾的河野英一先生，以及活跃在国际舞台的字体总监小林章先生。与第一版一样，这两位都给了我很大帮助。而住在德国的麦仓圣子女士，则以实际排版者的角度给了我很多建议。书籍设计则与上一版一样，委托给了我所信赖的平面设计师立野龙一先生。

另外，我还要对本书第一版在美术出版社制作时深受照顾的编辑宫后优子女士、欣然允诺为我撰写腰封简介的平面设计师葛西薰先生，再次表示衷心的感谢，是他们创造了机会让大家知道本书。

另外对本书第一版和本次增补修订版出力鼓劲、提出宝贵意见、提供资料的诸位，以及参与我讲座的诸位表示深深的谢意，我把其中的几位的名字列入下面鸣谢名单中。

最后，与第一版一样，还是要对我的妻子镇子与四个女儿的支持表示感谢。

高冈昌生

日本改元为“令和”的 2019 年 5 月

于嘉瑞工房

鸣　谢

青木英一
Akira1975
蒂尔曼·文德尔施泰因（Tilmann S. Wendelstein）
米里埃尔·加吉尼（Muriel Gaggini，MG学校）
上岛明子
戈登·惠美
下田惠子
苏珊·肖（Susan Shaw）
高见知香（照片摄影）
竹尾香世子
赫尔曼·查普夫
桥口惠美子
樋口惠美
深谷友纪子
藤松瑞惠（照片摄影）
古田阳子（照片摄影）
和田由里子（照片摄影）
Type Project公司
株式会社竹尾
莱诺字体公司（现蒙纳字体公司）

参考文献

JASPERT, BERRY & JOHNSON, *The Encyclopaedia of Type Faces,* 4th edition. Blandford Press, 1970.

MAC MCGREW, *American Metal Typefaces of the Twentieth Century.* Oak Knoll Books, 1993.

JOHN LEWIS, *Printed Ephemera.* W. S. Cowell, 1962.

GEOFFREY ASHALL GLAISTER, *Glaister's Glossary of the Book.* George Allen & Unwin, 1979.

GEOFFREY DOWDING, *An Introduction to the History of Printing Types.* Wace & Company, 1961.

GEOFFREY DOWDING, *Finer Points in the Spacing & Arrangement of Type,* revised edition. Hartley & Marks, 1995.

GUSTAV BARTHEL, *Konnte Adam Schreiben?.* M. DuMont Schauberg, 1972.

KENNETH DAY (ed.), *Book Typography 1815–1965.* Ernest Benn, 1966.

HUGH WILLIAMSON, *Methods of Book Design.* Oxford University Press, 1956.

DAVID THOMAS, *Type for Print.* J. Whitaker & Sons, 1947.

FRANCIS MEYNELL & HERBERT SIMON, *Fleuron Anthology.* Ernest Benn Limited/University of Toronto Press, 1973.

MANFRED SIEMONEIT, *Typographisches Gestalten.* Polygraph Verlag, 1989.

LESLIE G. LUKER, *Beginners Guide to Design in Printing.* Adana, 1965.

HERBERT SPENCER & JACQUEY VISICK, *Making Words Work.* W H Smith Group, 1993.

OLIVER SIMON, *Introduction to Typography.* Faber and Faber, 1969.

HERMANN ZAPF, *Hermann Zapf & His Design Philosophy.* Society of Typographic Arts, 1987.

ROBERT BRINGHURST, *The Elements of Typographic Style,* 3rd edition. Hartley & Marks, 2004.

JAMES FELICI, *The Complete Manual of Typography.* Adobe Press, 2003.

FRED SMEIJERS, *Counterpunch.* Hyphen Press, 1996.

TOM PERKINS, *The Art of Letter Carving in Stone.* The Crowood Press, 2007.

Type for Books: A Designer's Manual. The Bodley Head, 1976.

R. M. RITTER, *The Oxford Guide to Style.* Oxford University Press, 2002.

The Chicago Manual of Style, 15th edition. The University of Chicago Press, 2003.

原啓志『印刷用紙とのつきあい方』印刷学会出版部、1997年。

小林章『欧文書体　その背景と使い方』美術出版社、2005年。

小林章『欧文書体2　定番書体と演出法』美術出版社、2008年。

欧文印刷研究会 編『欧文活字とタイポグラフィ』印刷学会出版部、1966年。

S. H. スタインバーグ／高野彰 訳『西洋印刷文化史　グーテンベルクから500年』日本図書館協会、1985年。

高野彰『洋書の話』丸善、1991年。

A. エズデイル／ R. ストークス 改訂／高野彰 訳『西洋の書物　エズデイルの書誌学概説』雄松堂書店、1972年。

今井直一『書物と活字』印刷学会出版部、1966年。

髙岡重蔵『欧文活字』新装版、烏有書林、2010年。

井上嘉瑞『井上嘉瑞と活版印刷』著述編 & 作品編、印刷学会出版部、2005年。

髙岡重蔵、髙岡昌生 他 監修『「印刷雑誌」とその時代　実況・印刷の近現代史』印刷学会出版部、2007年。

髙岡昌生 他 共著『印刷博物誌』凸版印刷、2001年。

井上嘉瑞、志茂太郎『ローマ字印刷研究』大日本印刷 ICC 本部、2000年。

ロビン・ウィリアムズ／吉川典秀 訳『ノンデザイナーズ・タイプブック』毎日コミュニケーションズ、2004年。

寺西千代子『国際ビジネスのためのプロトコール　改訂版』有斐閣、2000年。

亀井俊介、川本皓嗣 編『アメリカ名詩選』岩波書店、1993年。

サイラス・ハイスミス／田代眞理 訳／小林章 監修『欧文タイポグラフィの基本』グラフィック社、2014年。

ヨースト・ホフリ／山崎秀貴 訳／麥倉聖子 監修『ディテール・イン・タイポグラフィ　読みやすい欧文組版のための基礎知識と考え方』Book & Design、2017年。

引用图片

p.20 下： Stanley Morison & Kenneth Day, *The Typographic Book 1450–1935*. Ernest Benn, 1963.
p.21 上： Emil Ruder, *Typography: A Manual of Design*. Authur Niggli, 1988.
p.23 下
Black： Nicolete Gray, *Nineteenth Century Ornamented Typefaces*. Faber and Faber, 1976.
其他两张： John Lewis, *Printed Ephemera*. W.S.Cowell, 1962.
p.89 右上： John Gould & A.Rutgers, *Birds of Asia*. Methuen & Co, 1969.
右下： Sebastian Carter, *Twentieth Century Type Designers*. Lund Humphries, 1995.
p.90 左上： John Lewis, *Printed Ephemera*. W.S.Cowell, 1962.
p.93 左上： Nicolete Gray, *A History of Lettering*. David R.Godine, 1986.
右下： Alice Koeth & Jerry Kelly, *Artist & Alphabet*. David R.Godine, 2000.
其他两张： Charles R.Loving, Stephen Roger Moriarty & Morna O'Neill, *A Gift of Light*. University of Notre Dame Press, 2002.
p.94 右上： Alfred Fairbank, *A Book of Scripts*. Penguin Books, 1949.
右下： 海德堡公司简介
p.97 右下、p.98 右上：
Archives for Printing, Paper and Kindred Trades. Buch- und Druckgewerbe Verlag, April 1958.
p.101 右下：井上嘉瑞、志茂太郎『ローマ字印刷研究』アオイ书房、1941年9月。
p.104 左下：*Waitrose Food Illustrated*. John Brown, December 2009.
p.105 图3： Gerrit Noordzij, *Letterletter*. Hartley & Marks, 2000.
图4： Ellic Howe, *The London Bookbinders 1780–1806*. Merrion Press & Desmond Zwemmer, 1988.
图5： *Manière de Voir*. No.108. Le Monde Diplomatique, December 2009–January 2010.
图6： Variante 字体样张，Klingspor 铸字厂。
p.109 上： Stanley Morison, *Letter Forms*. Hartley & Marks, 1997.
p.113 右中： George Bickham, *The Universal Penman*. Dover Publications, 1954.
p.124 左上：*New Oxford Style Manual*, 3rd edition. Oxford University Press, 2016.
左下：*The Chicago Manual of Style*, 17th edition. The University of Chicago Press, 2017.
p.136 左下： Edward Johnston, *Writing & Illuminating, & Lettering*, revised edition. Sir Isaac Pitman & Sons, 1944.
右下：*Die Schönsten Deutschen Bücher 1996*, Stiftung Buchkunst, 1996.
p.171 左下：*New Oxford Style Manual*, 3rd edition. Oxford University Press, 2016.
右下： Office Fédéral de la Culture, *Bourses Fédérales de Design 2007*. Birkhäuser, 2007.
p.172 左上： Francis Russell, *John, 3rd Earl of Bute: Patron & Collector*. Merrion Press, 2004.
p.183： 《印刷杂志》，印刷杂志社、1937年1月。

● 本书使用字体、纸张
正文：蒙纳简中宋、简黑宋(MSungPRC-Medium、Bold)＋Minion 3 Medium、SemiBold
翔鹤黑体 SC Pro Medium
专栏：蒙纳简正楷书(MKaiPRC-SemiBold)＋Aldus Nova Pro Book
封面：Optima Nova Pro Titling

内文纸张：120g 睿沛书纸

术语索引

* 黑体标注的是对术语进行说明的页码

译后记

出于字体排印研究的需要，居住在东京的我经常是直接乘坐巴士去拜访同在新宿区的嘉瑞工房的。想起与陈嵘老师合作引进制作此书第一版的简体中文版，已经是 2016 年的事情了。尽管在这八年里，高冈重藏老先生仙逝、嘉瑞工房也经过了一次整理搬迁，但每次与本书作者高冈昌生先生聊天，我都会被其开朗的性格及其对字体排印的热情打动。除了讨论排版技法和知识，其实我们有很大一部分时间也在聊如何将排版知识更好地传达给年轻的设计师。

我在国内演讲还依旧需要苦口婆心地从“字体设计师与排印师要相惜相爱”这样的基本原则讲起，而高冈先生凭借其丰富的经验，在各种演讲和著述中更多强调的是排版的“思路”。很多设计师朋友急于想知道在应用软件里如何实现，却没有意识到思路才是最重要的。只要有思路，至于方法、手段、工具都是次要的问题。哪怕将来有一天 InDesign 软件不存在，哪怕大部分排版工作被人工智能取代了，思路仍会是设计师最为重要的武器。我希望大家能通过阅读本书，不断地去多多实践，去探索出属于自己的西文排版的思路。

阅读本书需要两种换位思考的态度。首先，本书作者是日本人，因此书内多处提到“日西混排”“在日本常见的问题”等与日本相关的内容，但中国读者完全可以通过换位思考，将其替换成中文和中国的情况；其次，本书阐述重点虽然是排版，但排版工序的上游需要有字体设计师提供良好的素材，下游则需要面对广大读者，因此读者需要结合自身情况，在做字体设计时，或作为读者在阅读西文时，去思考自己对实际的排版效果有何种感受，这样才能做到举一反三。

本次增补修订版的翻译，主要是针对上一版译文偏重口语的语体进行了整理，依照近年来国内对西文字体排印的接受情况，对一些术语进行了整理和修订，并更正了少量的错漏，并恢复了上一版删除的专栏文章。由于本书自身就是一本论述排版的书籍，因此在设计上本人也不敢鲁班门前弄大斧，尽量沿用立野先生的原版设计，只是在局部依照中文排版需求进行了少量适配，一方面是尊重原作者和设计师的用意，另一方面也确保了能将全书原汁原味地展现给中国读者。

作者本人在书中就曾提到“译作要尽量阅读原文”这样让译者如履薄冰的主张。在此我必须感谢作者高冈先生，以及日方出版社乌有书林的上田先生给予的信任，同时也感谢上海人民美术出版社的编辑们为此书出版所展现出的极大耐心和灵活度。

刘　庆

甲辰年大暑写于日本东京新宿御苑